KB064428

재밌어서 밤새 읽는
지구과학 이야기

OMOSHIROKUTE NEMURENAKUNARU CHIGAGU

사마키 다케오 지음 | 김정환 옮김 | 정성헌 감수

더숲

융합적 사고와 문제해결 능력을 기르는 데 도움이 되기를

지구과학은 어떤 학문일까? 한마디로 지구와 지구를 둘러싼 자연을 연구하는 학문이다. 여기에는 지질학 · 기상학 · 천문학이 포함되며, 해양학 · 지구물리학도 함께 다루어진다.

이 책 『재밌어서 밤새읽는 지구과학 이야기』는 이런 지구과학의 전반적인 내용을 재미있고 생생한 이야기로 스토리텔링화하여 매우 쉽게 풀어쓴 책이다.

책의 내용을 '지구 이야기', '기상 이야기', '우주 이야기' 3부로 구성하여 가까이는 우리가 살고 있는 지구 표면, 지구 내부, 지구를 둘러싸고 있는 대기권뿐만 아니라, 멀리는 모든 인류의 관심사인 우주까지 다루고 있다. 특히 기상이변, 지진, 태풍 등 우리 일상생활과 친근한 내용들도 설명하고 있어, 지구과학에 흥미를 못 느끼던 학생들도 쉽고 재미있게 그리고 부담 없이 읽을 수 있도록 꾸며져 있다.

무엇보다 이 책이 흥미로운 이유는 학생들이 평소 궁금해했을 법한 주제들을 콕콕 집어서 설명하고 있다는 데 있다. 예를 들면, 이 책의 첫 장에 나오는 '아틀란티스 전설은 진실인가'를 비롯해 '높이 올라가면 태양과 가까워지는데 왜 추운 걸까', '태양은 영원히 불타오를까' 등의 주제는 학생들뿐만 아니라 일반인들의 호기심을 자극하기에 충분하다.

또한 저자는 '대량 멸종은 어떻게 일어났을까'라는 글에서 현대 인류가 무분별하게 저지르고 있는 환경파괴 행위에 대해 경종을 울리고 있다. 그는 천체 충돌이나 태양계 근방의 초신성 폭발 등 거대한 자연재해로 인한 대량 멸종이 아니라 인류의 행위와 그 존재 자체가 조용히 대량 멸종을 진행시키고 있다며 인간과 자연과의 관계를 다시 한 번 돌아볼 것을 호소하기도 한다.

이 책이 흥미로운 두 번째 이유는 저자가 자신의 경험을 바탕으로 사실적이고도 다양하게 지구과학 이야기를 풀어나갔다는 데 있다. 저자는 자신이 살고 있는 일본에서 흔히 일어나는 화산 폭발, 지진 등의 지질학적 문제나 태풍, 제트기류 등의 기상학적 주제처럼 주변에서 쉽게 접할 수 있는 예를 이용하여 이해하기 쉽게 설명하고 있다.

우리나라와 일본은 지리적으로는 가까이 있는 나라지만, 한반도와 섬이라는 지리적 다름으로 인해 기후나 환경적 현상들에서 차이가 생기는 것은 당연하다. 그렇지만 그 차이가 이 책을 읽는 독자들에게 불편을 주는 사항은 결코 아니다. 오히려 일본은 이런 현상을 보이는데 우리의 경우는 어떨까, 하는 의문을 갖고 그 궁금증을 풀어보려는 문제해결 능력을 키운다면 금상첨화가 아닐까? 저자 역시 이 책이 그런 능력을 기르는 데 조금이나마 도움이 되기를 바랄 것이다.

요즘 과학 교육에서의 화두는 '창의적 융합인재(STEAM, Science · Technology · Engineering · Arts · Mathematics의 합성어) 양성'이다. 글자 그대로 과학 · 기술 · 공학 · 예술 · 수학 내용을 통합하여 가르치고, 융합적인 사고를 할 수 있는 인재를 양성하는 것이다.

융합인재 교육은 먼저 기존의 주입식, 암기식 교육에서 벗어나 학생들이 즐겁게 배울 수 있도록 교과과정을 체험, 탐구, 실험 중심으로 전환하는 것이 전제되어야 한다. 그럼으로써 초 · 중등 학생들의 과학기술에 대한 흥미와 이해력, 잠재력을 높이고, 이를 바탕으로 그들이 미래 과학기술사회의 변화를 이끌어나가는 인재로 성장하고, 더 나아가 국가경쟁력을 강화하는 융합인재 교육의 목표를 달성할 수 있을 것이다.

그런 의미에서 이 책은 학생들에게 융합적 사고와 실생활의 문제해결 능력을 기르는 데 유용하게 활용될 수 있을 것이라고 생각한다. 융합적 사고를 함양하고 지구과학적 지식을 습득하기 원하는 학생이라면 한번쯤 읽어보기를 권한다.

감천중학교 수석교사/이학박사 정성헌

호기심 가득한 미지의 세계, 지구와 우주에 대한 이야기

지구과학은 그야말로 흥미진진하고 재미있는 분야다. 아직도 풀지 못한 우주의 수수께끼와 지구를 둘러싸고 일어나는 신기한 자연현상 등은 우리를 호기심 가득한 미지의 세계로 이끈다.

중고등학교 과학교사를 지낸 나는 자연 과학의 분야인 물리, 화학, 생물, 지구과학 모두 흥미로운 학문이라고 생각한다. 자연의 모습을 탐구하고 밝혀낸 사람들의 숨은 이야기와 그 역사에 담긴 교훈, 그렇게 발견된 개념과 법칙은 모두 재미로 가득하다.

자연과학 중에서도 지구과학은 매우 폭넓은 내용을 다루는 학문이다. 지구의 내부와 표면, 지질의 구조, 지각 변동과 판 구조론, 지표면을 뒤덮고 있는 대기, 우리가 사는 지구와 달, 행성을 둘러싼 은하계, 그리고 머나먼 우주……. 여기에는 지진과 화산, 태풍, 호우 등의 자연 재해와 매일의 날씨 등 우리와 친근한 내용도 포함되어 있다.

그런데 안타깝게도 이런 지구과학을 고등학교에서 배우는 사람은 그리 많지 않은 것이 현실이다. 지구과학에 대한 일반인들의 지식은 중학교 과학 수준에 머물러 있다고 해도 과언이 아닐 것이다.

이 책은 그런 사람들, 그리고 앞으로 그럴지도 모를 우리 청소년들을 대상으로 내가 소중히 간직했던 지구과학과 관련된 이야기를 정리한 것이다. 지구과학은 재미없고 지루하다는 인상을 가지고 있는 사람들에게 드라마틱하면서 역동적인 지구과학의 매력을 알리고 싶다.

약 46억 년 전, 우주 공간에 퍼져 있던 가스와 먼지가 회전하면서 한 덩어리로 모여 태양이 만들어졌다. 그리고 이후 태양을 중심으로 회전하는 암석 덩어리인 미행성(微行星)이 충돌을 거듭하면서 합체해 지구가 탄생했다. 갓 탄생했을 무렵의 지구는 자전으로 1회전하는 시간, 즉 하루가 약 5시간이었던 것으로 추정되고 있다. 그런데 지금은 하루가 24시간이다. 이것은 오랜 시간에 걸쳐 지구의 자전 속도가 느려졌음을 의미한다. 지구의 자전 속도는 앞으로도 점차 느려질 터이므로 하루의 시간은 더 길어질 것으로 예측된다.

지구과학은 스케일이 큰 학문이다. 지금까지도 선인들은 신비와 드라마로 가득한 이 세계의 문을 하나둘 열어왔다. 그 결과 알게 된 것도 많지만 아직 모르는 것도 수없이 남아 있다.

나는 자연과학의 경이와 기쁨을 많은 사람과 공유할 수 있도록 감동이 있는 과학, 마음이 풍요로워지는 과학을 목표로 더욱 연구에 매진할 것이다.

사마키 다케오

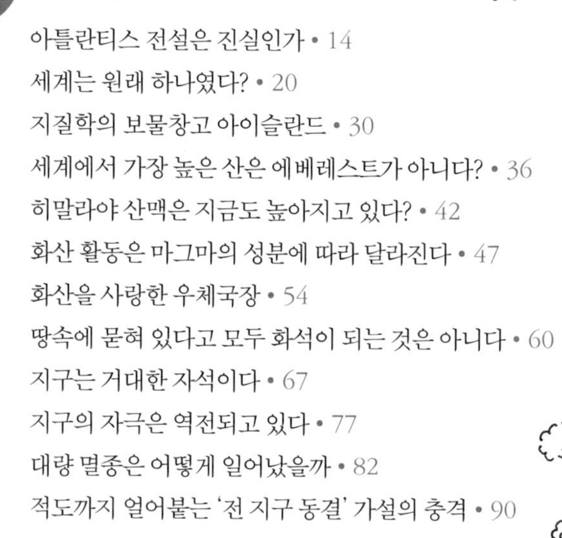

역동적인 지구 이야기

알고 있으면 재미있는 기상 이야기

Part 1

역동적인 지구 이야기

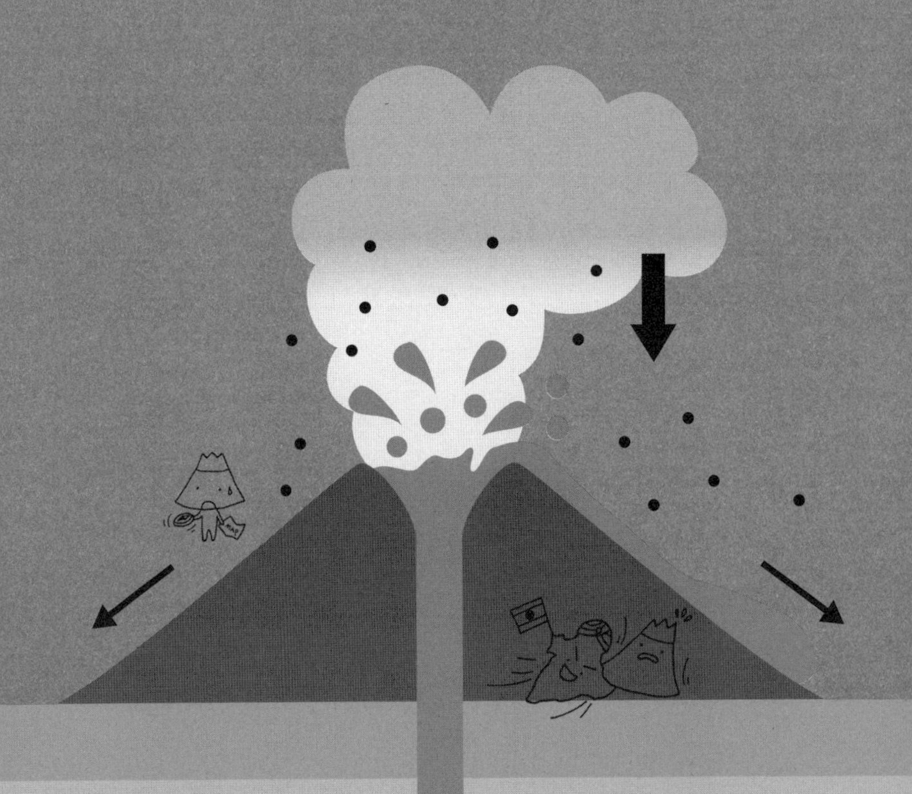

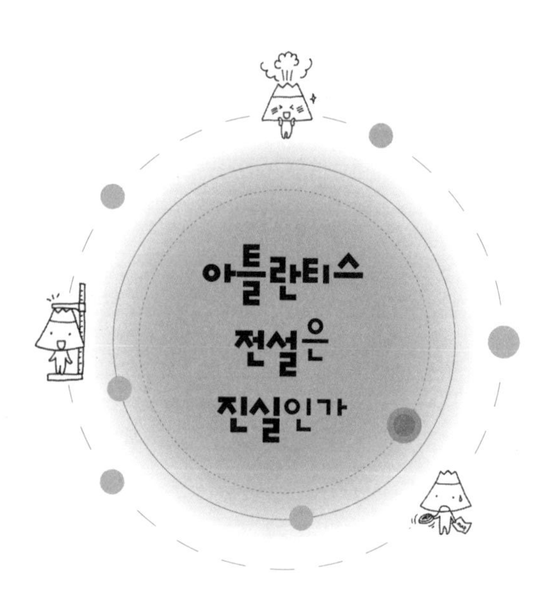

아틀란티스 전설은 진실인가

플라톤의 저서에 처음 등장한 섬 왕국, 아틀란티스

아틀란티스 섬의 수수께끼는 중세 이후 몽상가들의 마음을 끝없이 사로잡아온 전설 중 하나다.

아틀란티스는 기원전 4세기에 그리스의 철학자 플라톤(Platon, BC 427~BC 347)이 쓴 『티마이오스』와 『크리티아스』라는 책에 등장하는 섬이자 왕국의 이름이다. 그 책들에는 고대 그리스의 7현인(賢人) 중 한 명으로 꼽히는 아테네의 입법자 솔론(Solon, BC 638~BC 558)이 기원전 594년 국가 제도 개혁이라는 큰 임무를 완수하고 해외여행을 떠났을 때, 이집트에 위치한 사이스라는 곳의 신관에게서 아틀란티스에 관한 이야기를 들었다고 적혀 있다. 그 시기는 책이 쓰인 시점보다 9,000여 년 전인 옛날이지만, 플라톤은 등장인물의 입을 빌려 "(이 이야기는) 전적으로 진실이며……"라고 말했다.

'헤라클레스의 기둥(지브롤터 해협의 옛 이름)' 서쪽의 아틀란티스해(현재의 대서양)에 있었던 아틀란티스는 리비아와 소아시아를 합친 것보다 큰 섬이었다. 광물 자원이 풍부하고 농림 축산업이 활발한 풍요로운 섬으로, 바다의 신 포세이돈과 클레이토라는 인간 사이에서 태어난 큰아들 아틀라스가 왕이 되어 다른 아홉 형제와 함께 섬을 지배했다고 한다. 우뚝 솟은 궁전과 거대한 운하, 장대한 다리, 금과 은으로 장식한 사원, 정원, 경기장 등이 있었으며, 주민들은 매우 윤택한 생활을 했다. 아틀란티스는 인근의 섬들뿐만 아니라 남서 유럽과 북서 아프리카까지 지배하며 일대 해양 제국으로 번성했다.

이야기에는 아틀란티스에 필적하는 문명을 보유한 '고(古)아테네인'(초고대 그리스인)도 묘사되어 있는데, 아테네인들이 강대한 아틀란티스의 침략군에 맞서 용감히 싸워 물리침으로써 용맹을 떨쳤다고 기록되어 있다. 설상가상으로 그 무렵 아틀란티스에 대지진과 대홍수가 일어나 아틀란티스 섬은 하룻밤 사이에 바닷속으로 가라앉았다고 한다.

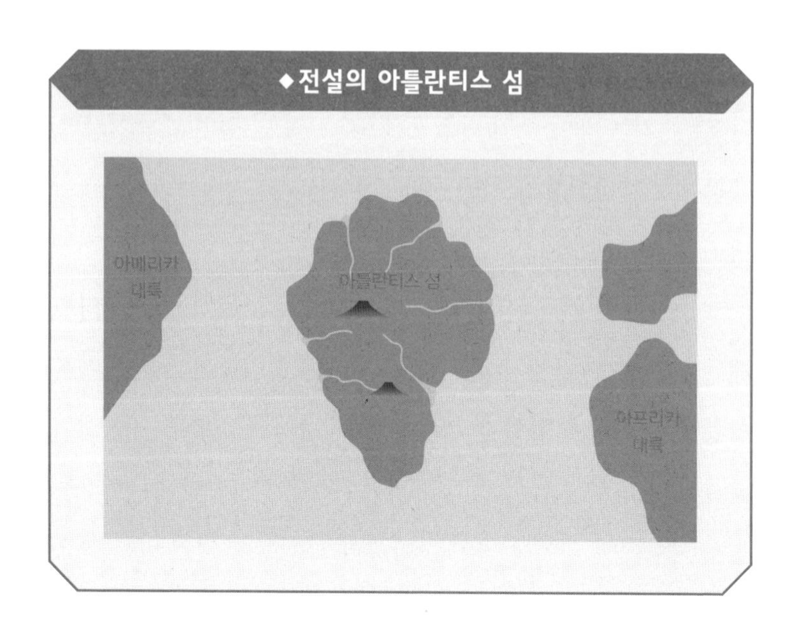

◆전설의 아틀란티스 섬

실화일까, 지어낸 이야기일까

잘 알려져 있듯이 철학자 아리스토텔레스(Aristoteles, BC 384~ BC 322)는 플라톤의 제자 중 한 사람이다. 플라톤은 영원불멸의 '이데아'를 추구하는 이상주의자였지만 아리스토텔레스는 각각의 경험적 사상(事象)을 중시하는 현실주의자였다. 아리스토텔레스는 아틀란티스를 플라톤이 지어낸 이야기라고 말했다.

만약 아틀란티스 이야기가 진실이라면 아틀란티스와 같은 시대에 초고대 그리스도 존재했던 셈이 된다. 아틀란티스가 하룻밤 사이에 바닷속으로 가라앉았다고 해도 초고대 그리스는 남아 있었을 터이므로 고도로 발달한 문명의 흔적이 어떤 형태로든 남아 있어야 할 것이다. 그런데 오늘날에 이르기까지 초고대 그리스에 관한 흔적은 발견되지 않았다.

중세 이후, 아틀란티스 이야기를 믿는 사람들은 대륙의 흔적을 발견하기 위해 항해를 거듭했다. 어떤 사람들은 아메리카 대륙이나 스칸디나비아 반도, 카나리아 제도 등의 대륙 또는 섬이 아틀란티스라고 주장했다. 개중에는 플라톤이 연대를 한 자릿수 잘못 기록했다는 가설을 세우고, 에게 해에 떠 있는 티라 섬(산토리니 섬)의 화산이 기원전 1500년경에 폭발해 미노아 문명이 붕괴한 것을 아틀란티스 전설에 억지로 끼워 맞추는 사람도 있을 정도다.

아틀란티스에 관한 날조된 주장

아틀란티스를 발견했다고 해서 세상 사람들의 주목을 받은 인물로 파울 슐리만(Paul Schliemann)이 있다. 파울 슐리만은 그리스 신화에 등장하는 트로이 유적을 발굴한 것으로 유명한 고고학자 하인리히 슐리만(Heinrich Schliemann, 1822~1890)의 손자다.

1912년 10월, 파울은 잡지 「뉴욕 아메리칸」에 '모든 문명의 근원인 아틀란티스를 어떻게 발견했는가?'라는 장문의 수기를 실었다. 이 글에서 그는 할아버지인 하인리히 슐리만이 세상을 떠날 때 엄중히 봉인한 두꺼운 봉서(封書)를 남겼는데, 그 문서에는 아틀란티스의 비밀이 적혀 있었다고 주장했다. 또한 파울은 이후의 조사를 통해 아틀란티스가 소멸된 뒤에 아틀란티스 사람들이 정착한 땅이 볼리비아의 티아우아나코 유적이었음을 밝혀냈으며, 언젠가 모든 비밀을 푼 책을 간행할 생각이라는 말로 끝을 맺었다. 참고로 티아우아나코는 잉카제국이 성립되기 수백년 전에 도시를 건설했던 민족이다.

고고학자들은 그때까지 몽상가들이 "아틀란티스를 발견했다"고 주장해도 코웃음을 치며 상대도 하지 않았지만, 그들도 하인리히의 손자인 파울을 무시할 수는 없었다. 그래서 사실 확인을 위한 조사를 실시했는데, 파울이 비밀문서의 내용을 바탕으로 발견했다는 물품은 학술적으로 모순점이 있었고 그가 각지를 여행하며 조사했음을 증명하는 자료도 나오지 않았다. 하인리히 슐리만의 발굴에 동행했던 조수도 하인리히가 아틀란티스에 관해 대규모 연구를 한 적은 없다고 증언했다.

이렇게 해서 파울은 한때 세상 사람들의 주목을 받았지만 한마디 반론도 하지 않은 채, 물론 책도 내지 않은 채 사람들의 기억에서 사라졌다. 애초에 하인리히에게는 파울이라는 손자가 없다는 이야기도 있고, 「뉴욕 아메리칸」의 기사 자체가 기자의 날조라는 이야기조차 있는 실정이다.

그렇다면, 플라톤이 쓴 아틀란티스 전설을 지질학적으로 생각해보자. 먼저 아틀란티스가 있었다고 하는 대서양에는 바다 밑을 아무리 조사해도 과거에 거대한 대륙이 존재했던 흔적이 발견되지 않았다.

그러면 판 구조론의 관점에서는 어떨까? 판 구조론에서는 유럽과 아메리카, 아프리카 등 여섯 대륙이 원래 하나의 커다란 대륙(초대륙 판게아)이었다고 주장한다. 그렇다면 아틀란티스 같은 대륙이 끼어들 여지는 어디에도 없다. 게다가 불과 하룻밤 사이에 대륙이 바닷속으로 가라앉았다는 것도 지질학적으로는 있을 수 없는 일이다.

그래도 아틀란티스 이야기를 실화라고 믿는 사람들은 플라톤의 책 내용이나 아틀란티스의 사람들을 신령하게 여겼다는 점성술사나 심령술사의 이야기 등에서 자신들의 입맛에 맞는 부분만 뽑아내 세계의 이곳저곳을 아틀란티스라고 주장하고 있다.

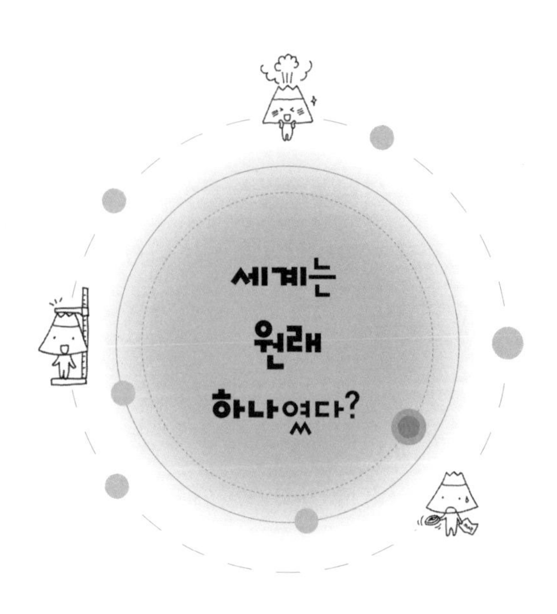

 마주 보는 해안선이 일치한다

정밀한 세계 지도를 만들 수 있는 시대가 되자, 몇몇 사람들이 아프리카 대륙과 남아메리카 대륙 간의 서로 마주 보고 있는 해안선의 모양이 일치한다는 사실을 감지하기 시작했다. 16세기 영국의 철학자 프랜시스 베이컨(Francis Bacon, 1561~1626)도 그중 한 사람이었다. 그러나 당시는 아직 아틀란티스 전설이 주류였기 때문에 사람들은 수천 킬로미터나 떨어져 있는 해안선의 모양이 매우 유사하다 해도 그것은 단순한 우연에 불과하다며 일축했다.

그런데 독일의 기상학자 알프레트 베게너(Alfred Wegener, 1880~1930)는 두 해안선의 모양이 닮은 것에는 중대한 사실이 숨겨져 있음을 직감했다. 그는 '어쩌면 두 대륙은 과거에 하나였을지도 모른다. 아니, 두 대륙뿐만 아니라 아시아와 유럽, 오스트레일리아, 남극까지 모든 대륙이 하나가 되어 판게아(Pangaea)라는 거대한 대륙을 형성하고 있지 않았을까?'라고 생각했다. 그리고 만약 대륙이 붙어 있었다면 틀림없이 과거에 붙어 있었던 장소에 살던 동식물의 화석을 각 대륙에서 발견할 수 있으리라고 추측했다. 그래서 고생물학의 연구 결과를 닥치는 대로 살펴본 결

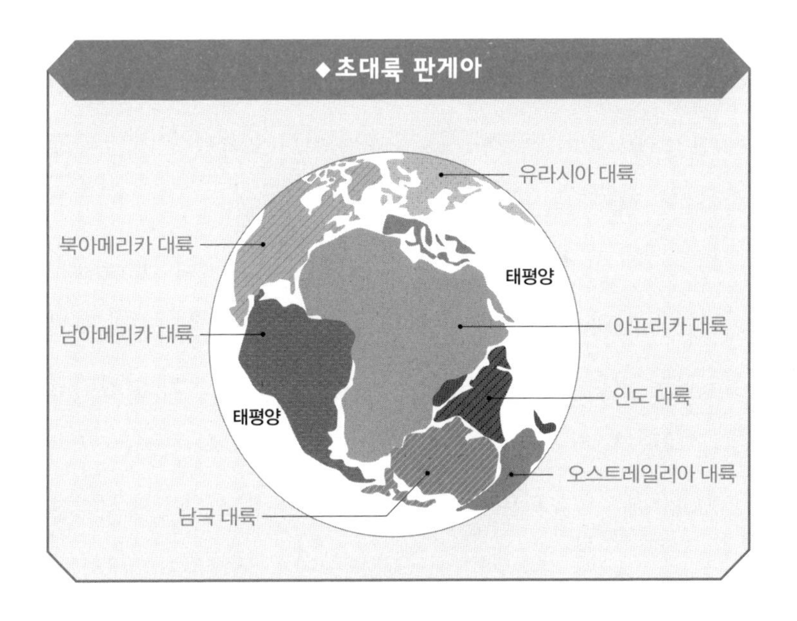

과, 그의 가설을 뒷받침하는 증거가 속속 발견되었다.

베게너는 기쁨으로 덩실거리며 '대륙이 분열되었다'라는 자신의 설을 지질학회에 보고하고 『대륙과 해양의 기원』이라는 책을 썼다.

대륙이동설에 대한 '육교'설의 맹반격

그러나 베게너의 대륙이동설이 쉽게 받아들여진 것은 아니었다. 당시 지질학계는 대륙은 움직이지 않으며 변하지도 않는다는 생각을 정설로 여겼다. 게다가 베게너의 전공은 기상학이고 직업은 일기 예보관이었다. 지질학자가 발표한 설이라고 해도 상당한 반발을 초래했을 터인데 지질학의 지식이 없는 일개 일기 예보관이 발표한 새로운 학설이니 오죽했겠는가? 지질학자들은 맹렬히 반발했다.

예를 들어 화석 조사를 통해 지금은 멸종된 히파리온(Hipparion)이라는 원시의 말이, 같은 시기에 프랑스와 미국 플로리다 주에 살았음이 밝혀지자 지질학자들은 대서양에 '육교'가 있었다고 결론 내렸다. 정말로 육교가 있었다면 그 다리의 길이는 무려 4,000km에 이른다. 또 하마와 비슷한 포유류로 고대에 서식했던 맥(貘, tapir)이 같은 시기에 남아메리카와 동남아시아에서 살았음이 밝혀지자 그곳에도 육교가 있었다고 생각했다. 얼마 후 고대의 지도는 대륙과 대륙을 연결하는 가설 속의 육교 또는 다른 대륙으로 가득한 기묘한 모습이 되어버렸다. 그래도 지질학자들은 그 육교나 대륙이 훗날 바닷속으로 가라앉았다고 하면 앞뒤가 맞는다고 생각했다.

베게너설의 가장 큰 약점은 어떤 힘이 대륙을 분열시키고 이동시켰는지 증명하지 못한 것이다. 베게너는 그 힘을 '지구가 조금씩 남북으로 눌려 찌부러지면서 생긴 것'이라고 주장했지만, 그 힘은 대륙을 움직일 만큼 거대하지 않았기에 지질학자들을 이해시키지 못했다.

기상 분야에서 훌륭한 업적을 남긴 베게너는 대륙이동설을 증명하려고 탐험을 떠났다가 그린란드에서 조난당해 죽음을 맞이했다.

그후 베게너의 대륙이동설을 둘러싸고 격렬한 논쟁이 계속되었는데, 그의 주장은 점차 주목받지 못하게 되다가 결국 잊히고 말았다. 1930년대의 일이다.

'자기 화석(磁氣化石)'의 목소리를 듣다

자기(磁氣, 자석이 갖는 작용이나 성질)의 화석이 있다고 하면

깜짝 놀라는 사람도 있을 것이다. 여기에서 말하는 화석은 지구과학적으로 '고생물의 사체나 유물로서 현재까지 남은 것'이라는 의미에서 파생된 '옛것이 형태를 그대로 남긴 것'을 가리킨다.

화산에서 분출된 고온의 용암은 원래 자기를 띠지 않지만, 식으면 당시 지구 자기장의 방향으로 자기화(磁氣化)된다. 철을 포함한 광물이 지구가 만든 자기장의 영향을 받기 때문이다. 이렇게 해서 암석에 갇힌 자기를 '열 잔류 자기'라고 한다. 열 잔류 자기를 포함하는 암석은 설령 도중에 자기장의 방향이 바뀌더라도 자기화되었을 때의 자기를 계속 가진다. 따라서 암석의 열 잔류 자기의 방향을 조사하고 그와 동시에 방사성 동위원소의 붕괴를 이용한 연대 측정법으로 암석이 탄생한(용암이 굳은) 연대를 추적하면 세월이 흐르면서 지구의 자기가 어떻게 변화해왔는지 알 수 있다. 지구의 자기가 갇혀버리는 경우로는 열 잔류 자기 이외에 바다나 호수에서 작은 입자가 침전해 퇴적암을 만들 때 생기는 '퇴적 잔류 자기' 등도 있다.

1950년대에 들어와 세계 곳곳에서 자기 화석에 대한 조사가 시작되었다. 그리고 세계 각지의 조사 기록이 모여 한 장의 지도에 정리되었다. 〈그림 a〉는 유럽과 북아메리카의 암석을 이용해 추정한 북자극(北磁極)의 이동 궤적이다. 북자극은 북반구에서 지구 자기의 복각(伏角)이 90도인 지점으로 해마다 조금씩 변한다.

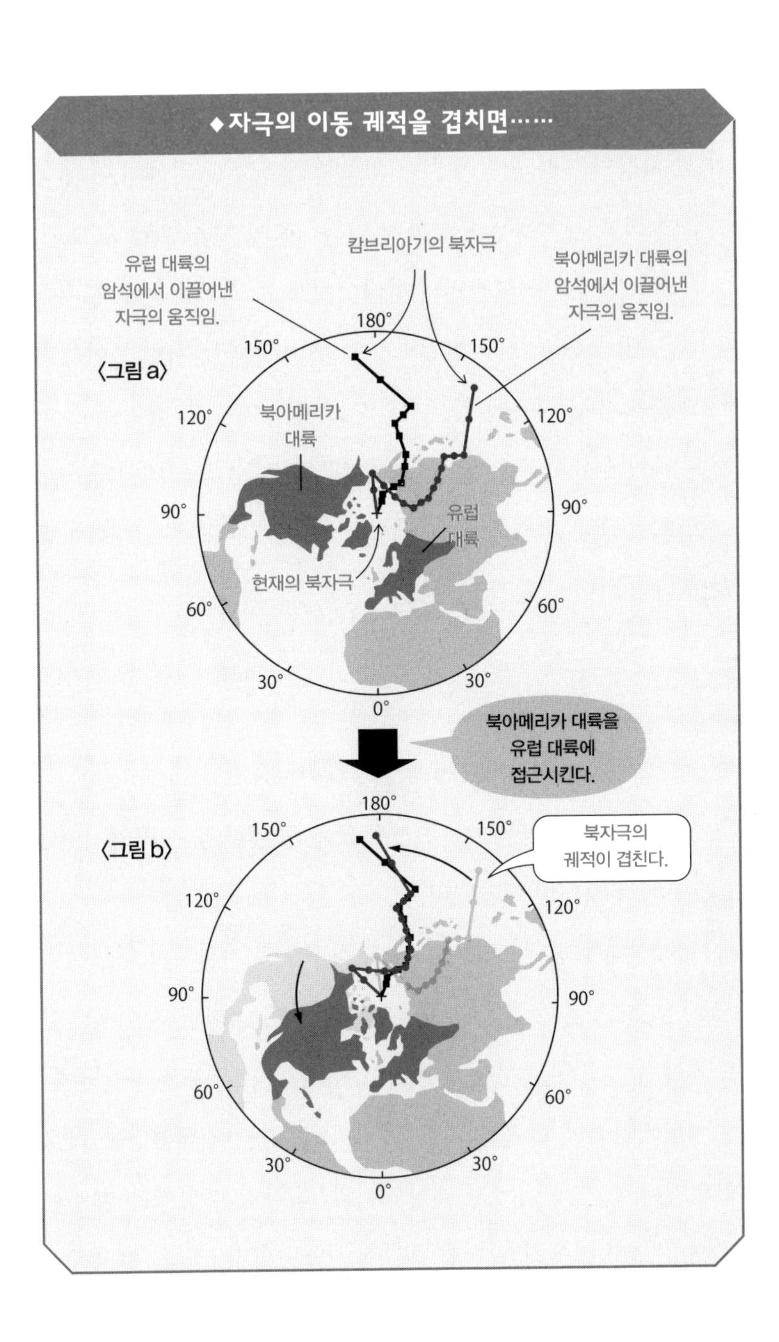
◆자극의 이동 궤적을 겹치면……
캄브리아기의 북자극
유럽 대륙의
암석에서 이끌어낸
자극의 움직임.
북아메리카 대륙의
암석에서 이끌어낸
자극의 움직임.
〈그림 a〉
180°
150°
150°
120°
120°
90°
90°
60°
60°
30°
30°
0°
북아메리카
대륙
유럽
대륙
현재의 북자극
북아메리카 대륙을
유럽 대륙에
접근시킨다.
〈그림 b〉
180°
150°
150°
120°
120°
90°
90°
60°
60°
30°
30°
0°
북자극의
궤적이 겹친다.

여기서 복각이란 지구상의 한 지점에 작용하는 전자기력의 방향과 그 지점의 지표면이 이루는 각을 말한다. 캄브리아기 이래 북자극이 적도 근처에서 북극까지 천천히 이동했음을 알 수 있다. 그런데 북자극은 어디까지나 하나이므로 두 궤적은 서로 겹쳐야 한다. 도대체 어떻게 된 일일까? 그래서 〈그림 b〉처럼 북아메리카 대륙을 유럽 대륙에 접근시키자 두 궤적이 거의 일치했다. 이것은 과거에 유럽과 북아메리카가 붙어 있었음을 의미한다.

이렇게 해서 20년이 넘는 세월을 거치며 베게너의 대륙이동설이 다시 살아 숨쉬기 시작했다.

판 구조론이 대륙이동설을 증명하다

대륙이동설의 부활에 가장 크게 공헌한 것은 해양저(海洋底), 즉 해저 지형의 연구였다.

1950년대에 해양저의 조사가 본격적으로 시작되자 지구상에서 가장 높고 넓은 산맥은 바닷속에 있음이 밝혀졌다. 아이슬란드에서 시작되어 대서양 중앙, 아프리카 남단, 인도양과 남극해, 오스트레일리아 남쪽을 지난 뒤 방향을 전환해 태평양을 가로질러 알래스카에 이르는 대산맥이다. 해양저의 산맥은 때로는 수면 위로 솟아올라 있지만 대부분 수천 미터나 되는 바닷속에 있기 때문에 그때까지 존재가 알려지지 않았던 것이다. 이런 바닷속 산맥을 육지의 산맥과 구별하기 위해 '해령(海嶺)'이라고 부른다.

1960년, 암석 자료를 조사한 결과 대서양 중앙의 해령은 해양저의 나이가 상당히 어리며 여기에서 서쪽 혹은 동쪽으로 이동함에 따라 서서히 나이가 많아진다는 사실이 밝혀졌다. 또한 대륙의 암석은 기원이 약 40억 년 전으로 거슬러 올라가는 데 비해 해양저의 암석은 가장 오래되었다고 해도 약 2억 년 전의 것이었다. 게다가 오래된 해양저는 대륙을 따라 형성된 해구(해양저가 가늘고 긴 도랑 모양으로 깊어진 장소) 부근까지 오면 갑자기 사라졌다. 도대체 오래된 해양저는 어디로 사라졌을까?

지진학자들은 지진이 자주 발생하는 일본 부근에서 진원의 깊이를 조사한 결과, 지진 발생 지역이 태평양 방면일 때는 진원이 얕고 동해나 대륙 쪽으로 갈수록 진원이 깊어지며, 태평양 방면에서 동해 방면을 향해 대각선 아래 방향으로 비스듬하게 면을 이루며 펼쳐진다는 사실을 발견했다. 해양저의 암반이 해구에 이르면 모습을 감추고 그곳에서부터 대각선 아래 방향으로 진원이 깊어지는 지진면이 시작된다는 것은 해양저의 암반이 중앙 해령에서 탄생해 해구까지 움직이며 해구에서 지구 내부로 들어가는 움직임을 보인다고 생각할 수 있다.

대서양의 해양저는 사실상 두 개의 거대한 벨트 컨베이어이며, 하나는 지각을 북아메리카 방향으로, 다른 하나는 유럽 방향으로 이동시키고 있다. 여기에서 말하는 지각은 정확히는 지각 밑에 있는 맨틀 최상부로 구성된 암석권을 포함한다.

1964년에 영국 왕립학회가 주최한 토론회에서는 지구 표면이 수많은 조각(판Plate)이 연결된 모자이크 상태이며 다양한 장소에서 판과 판이 서로를 밀어내면서 지각 변동이 일어나고 있다는 생각이 인정을 받았다. 대륙뿐만 아니라 지각 전체가 움직이고 있다는 논리다. 여기에서 새로운 과학인 '판 구조론(Plate tectonics)'

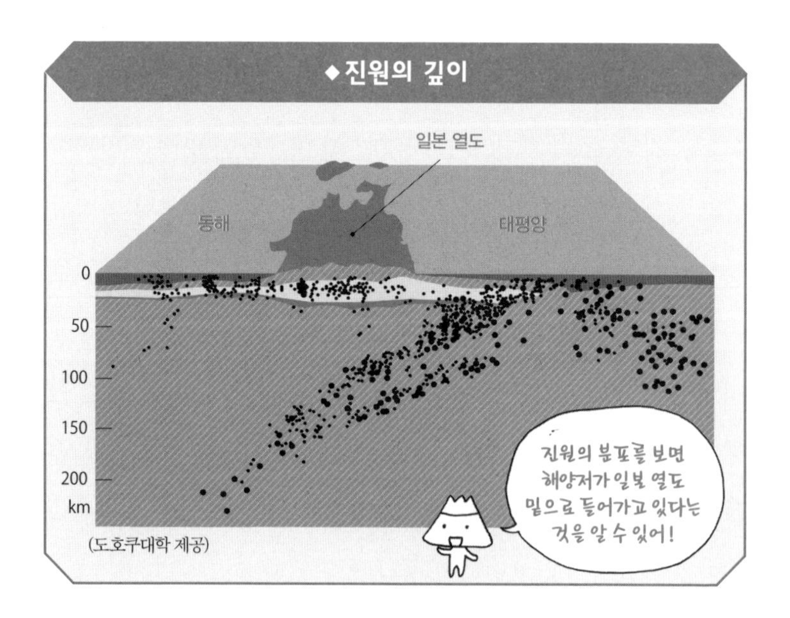

이 탄생했다. 베게너의 대륙이동설이 새로운 형태로 증명된 것이다. 베게너가 대륙이동설을 발표한 지 반세기가 지나려 하던 때였다. 베게너를 괴롭혔던 대륙이동의 원동력은 지각 전체를 움직이는 원동력으로 수정되었으며, 그것은 오늘날 해령에서 솟아오르는 맨틀의 흐름(맨틀 대류)에 따른 것으로 밝혀졌다.

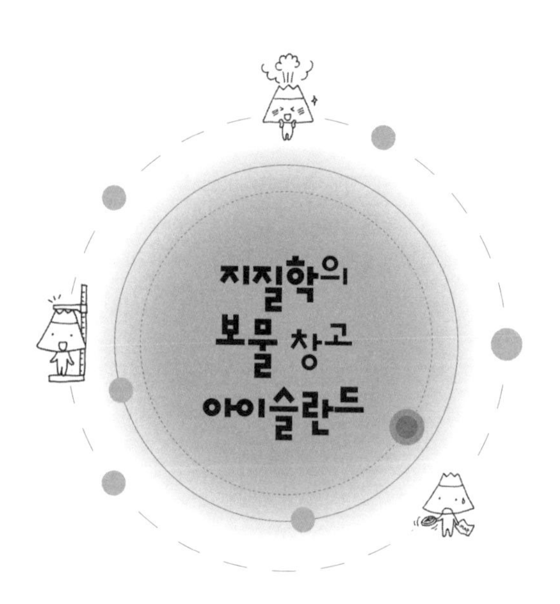

5개월에 걸쳐 일어난 사상 최대의 화산 분화

아이슬란드 공화국(이하 아이슬란드)에 위치한 라키 산의 분화는 인류가 경험한 가장 규모가 큰 분화로 일컬어진다. 라키 산에는 화구 약 120개가 길이 약 25km에 걸쳐 줄지어 있는 라카기가르 화구군(群)이 있다. 이것은 1783년 6월에 라키 산의 지면이 갑자기 갈라지면서 불을 뿜어 25km에 걸친 불의 커튼을 만든 분출원이다. 짧은 휴지기를 가지면서 5개월에 걸쳐 대량의 용암을 유출한 이 분화는 당시 아이슬란드의 전체 인구 5만 명 중 1만 명을 사망으로 몰아넣은 대참사였다. 게다가 하늘을 뒤덮은 화산재 때문에 북반구 일대의 일조 시간이 줄어들어 사람들이 굶주리는 일이 벌어졌다.

아이슬란드는 지금도 활발한 화산섬이다. 2010년 봄에도 대규모 분화가 있었다. 남부에 있는 에이야파틀라이외 빙하의 화산이 2010년 3월에 1차 분화를 하고 4월 14일에 다시 대규모 분화를 일으켰다. 이때 화산재가 11km 상공까지 솟아올랐으며, 이윽고 바람을 타고 남동쪽으로 흘러가 유럽 북부를 넓게 뒤덮었다. 화산재에 엔진 트러블이 일어날 것을 우려한 각국의 항공 당국은 그 해 4월 15일부터 21일에 걸쳐 발착 중지와 공항 폐쇄를 단행했고, 이 결정은 교통 상황에 커다란 영향을 끼쳤다.

일본 같은 호상열도(弧狀列島, 바다 가운데 화산활동으로 만들어진 섬들이 활등처럼 굽은 모양으로 널려 있는 것)의 화산은 산 정상에서 분화하며 이산화규소(SiO_2)가 많고 점성이 있는 안산암질 용암이 많은 것이 특징이다. 한편 아이슬란드의 화산은 골짜기 밑바닥의 갈라진 틈에서 분화하며 비교적 점성이 없는 현무암질 용암이 많다는 특징이 있다.

바닷속에도 산맥이 있다

지구 표면의 지형에는 산맥과 고원, 평야, 분지 같은 이름이 붙어 있다. 그런데 사실은 우리 눈에 보이지 않는 해저에도 육지와 마찬가지로 지형이 있으며 각각 이름이 붙어 있다. 앞에서 이야기했듯이 바닷속에도 산맥이 있으며 이것을 해령이라고 부른다. 대서양 중앙에는 대서양 중앙 해령, 인도양에는 대서양에서 이어지는 남극-인도양 해령, 남동 인도양 해령, 태평양 동쪽에는 동태평양 해령, 남태평양의 남극 대륙 쪽에는 태평양-남극 해령 등이 있다. 커다란 해양의 해저 중앙부에는 각각 거대한 해령이 자리하고 있다.

해령은 대부분 해양저에 있기 때문에 우리 눈에는 보이지 않

◆대서양 중앙 해령 위에 있는 아이슬란드

는데, 아주 드물게 일부가 지표면으로 드러나 있는 장소가 있다. 그중 하나가 아이슬란드다. 앞의 그림을 살펴보자. 아이슬란드 근처에 있는 대서양 중앙 해령은 유라시아 판과 북아메리카 판이 탄생하는 장소이며 마그마 활동이 활발하다. 마그마 활동으로 바닷속에서 격렬한 분화가 계속되면 분출물이 쌓여서 해양저가 점점 높아진다. 그 결과 아이슬란드에서는 마침내 분출물이 해면 위로 모습을 드러낸 것이다.

해양저의 평균 깊이는 약 4,000m이며, 해면에서 해양저의 산맥인 해령의 정상까지의 깊이는 약 2,000~4,000m다. 즉 아이슬란드에서 해령의 정상이 모습을 드러내기까지 엄청난 양의 화산 분출물이 퇴적되었음을 알 수 있다. 퇴적에 걸린 시간은 2억 2,500만 년으로 추정되며, 마그마 활동은 여전히 계속되고 있다.

틈새는 지금도 계속 벌어지고 있다

아이슬란드에서 볼 수 있는 대서양 중앙 해령은 동쪽으로 이동하는 유라시아 판과 서쪽으로 이동하는 북아메리카 판의 경계에 있기 때문에 균열 지대를 형성하고 있다. 두 판은 1년 동안 좌우로 각각 1~1.5cm씩 합계 2~3cm 정도 이동한다. 그래서 이와 함께 틈새가 조금씩 벌어지고 그 사이로 현무암질 마그마가 들어간다.

아이슬란드에서는 이 균열을 '갸우(Gja)'라고 부른다. 특히 싱그베들리르 국립공원에 있는 갸우는 관광지로도 유명하다. 930~1271년에는 깎아지른 듯한 벼랑 사이에 있는 갸우의 바닥에서 민주 의회인 '알싱'(Althing, 930년경 수립된 세계 최초의 의회로, 민주정치의 선구가 되었다-옮긴이)이 열렸다. 이곳에서 말을 하면 목소리가 벼랑에 부딪히며 반사되어 멀리까지 들렸다고 한다.

또 균열 지대에서는 화산 활동이 활발하기 때문에 고온의 수증기가 분출된다. 그래서 지하의 뜨거운 물이나 고온의 수증기

◆민주 의회 알싱이 열리는 모습

를 지열 발전과 난방, 온실 재배 등에 이용하고 있다.

북아메리카 판과 유라시아 판을 동시에 밟고 서다

일본 니가타 현 이토이가와 시에는 포사마그나 파크라는 지질 공원이 있다. 이 포사마그나 파크에는 인공적으로 사면을 깎아 이토이가와-시즈오카 구조선(構造線)의 단층면을 볼 수 있도록 만든 '노두(露頭)'가 있다. 노두란 지층이나 암석이 지표에 노출된 장소를 가리킨다. 이 노두는 동쪽이 북아메리카 판, 서쪽이 유라시아 판으로 나뉘어 있다. 그래서 오른발로는 북아메리카 판을, 왼발로는 유라시아 판을 밟고 서면 두 판을 동시에 딛고 서는 셈이 된다. 판의 경계에서는 북아메리카 판과 유라시아 판이 서로 부딪히면서 암반이 수없이 닳고 부서져 점토가 된 점토화대(단층 점토)를 볼 수 있다.

아이슬란드 부근에서 탄생한 북아메리카 판과 유라시아 판은 다시 땅속으로 파고든다. 이토이가와 시의 이 지질 공원은 이 두 판의 종착점을 눈으로 확인할 수 있는 몇 안 되는 장소 중 하나다.

두 판의 경계는 동해 동부, 타타르 해협, 베르호얀스크 산맥, 체르스키 산맥, 북극해, 그린란드 해, 아이슬란드, 그리고 대서양 중앙 해령에 걸친 넓은 지역에 형성되어 있다.

산은 어떻게 산이 되었을까

산이 처음부터 산이었던 것은 아니다. 웅대한 산이 있는 장소도 과거에는 평탄한 땅이었다. 그렇다면 산은 어떻게 산이 되었을까?

산이 생기는 방식은 크게 두 가지다.

첫째는 화산이다. 화산은 분화를 통해 지표면에 유출된 용암이 식어 굳으면서 쌓여 점점 높아진 것이다. 일본의 화산 중에서 가장 유명한 것은 누가 뭐래도 일본의 후지 산인데, 후지 산은 크게 세 차례의 폭발을 통해 분출된 용암이 쌓여서 높아진 산이다.

둘째는 지면에 주름이 잡혀서 생긴 산이다. 방석을 수평으로 놓고 양쪽 가장자리를 밀어보자. 일그러지면서 산 모양이 만들어질 것이다. 우리가 잘 알고 있는 북아메리카 대륙의 로키 산맥, 인도와 티베트 사이에 있는 히말라야 산맥, 유럽의 알프스 산맥 등이 이런 원리로 형성된 산이다.

에베레스트 산의 높이를 재는 방법

세계 최고봉으로 유명한 에베레스트(티베트명 초모랑마)의

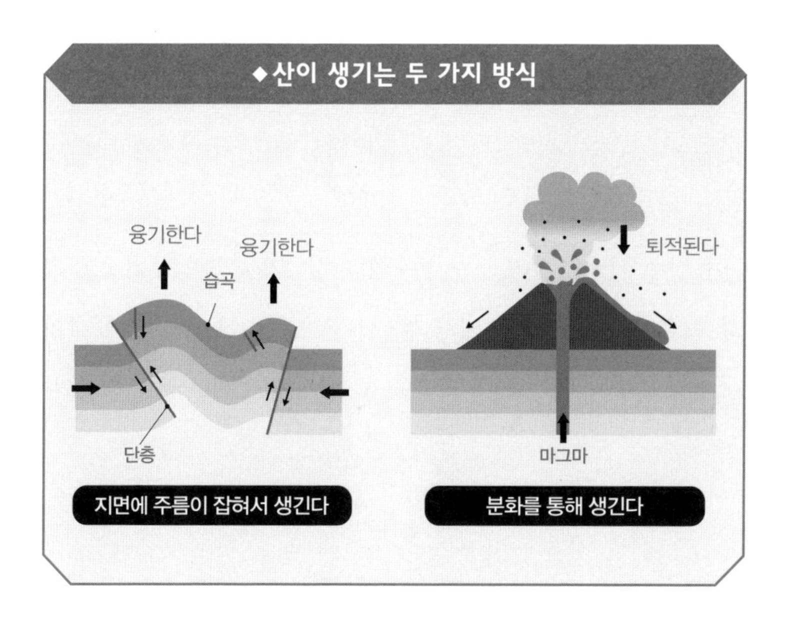

높이는 8,848m로 알려져 있다. 이 8,848m라는 수치는 '지구 중심으로부터 에베레스트 정상까지의 거리'에서 '지구 중심으로부터 에베레스트가 위치한 지점의 지오이드(geoid, 지구상에서 해발고도를 측정하는 기준이 되는 가상면으로, 평균 해수면을 잡아 육지까지 연장해 실제에 가깝게 지구의 모양을 나타낸 것-옮긴이)까지의 거리'를 뺀 값이다.

지구에는 8,000m가 넘는 높이의 산과 1만m가 넘는 깊이의 해구 등 거대한 지형의 기복이 있다. 또한 지각 구조의 밀도가 균일하지 않아서 밀도가 높은 장소에서는 중력이 그 한 부분에만 크게 작용하기 때문에 지구의 중력도 일정하지 않다. 그래서 측지학에서는 지구 표면의 70%가 바다로 뒤덮여 있다는 점에 착안해 세계 해면의 평균 위치에 가장 근접한 '중력의 등퍼텐셜면(등전위면)'을 '지오이드'라고 규정하고 지구의 형상을 나타내는 지표로 삼고 있다.

요컨대 에베레스트의 높이는 에베레스트가 위치한 지점의 평균 해수면, 즉 지오이드에서 정상까지의 높이라는 말이다. 산의 높이를 해발 8,848m라는 식으로 말하는 데는 이런 이유가 있다.

지구의 중심에서부터 잴 경우

고도를 계산하는 기준을 지오이드가 아니라 '지구 중심으로부터의 거리'로 가정해보자. 그러면 세계에서 가장 높은 산은 에베레스트가 아니라 적도 부근에 있는 침보라소 산(해발 6,310m)이 된다.

지구는 극(남극과 북극)을 중심으로 거의 수직 방향으로 자전하기 때문에 원심력이 작용해 적도 부근이 크게 밖으로 부풀어 있다. 이 때문에 적도 부근은 위도가 높은 지역에 비해 지구 중심으로부터의 거리가 멀다. 그래서 지구 중심으로부터의 거리로

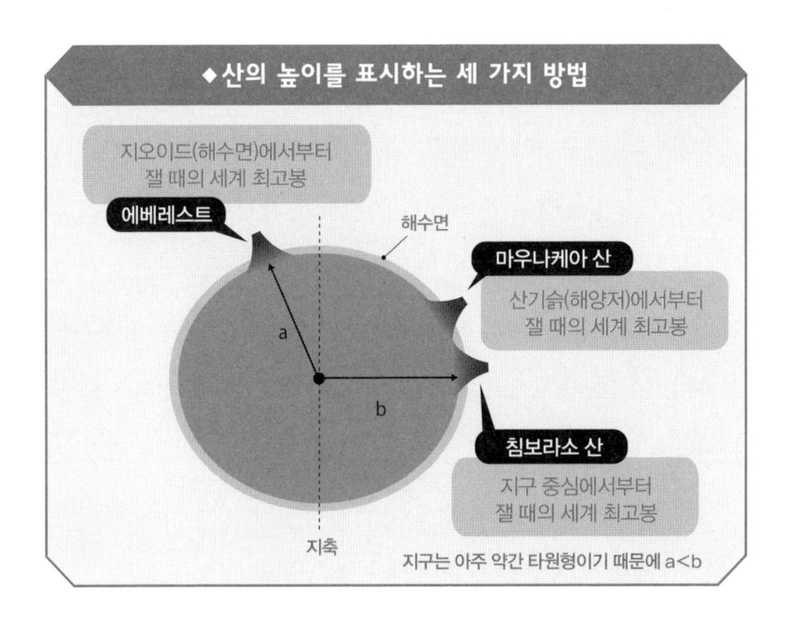

환산하면 적도 부근에 위치한 산의 정상은 에베레스트보다 2,000m 정도 높아진다.

해양저에서부터 잴 경우

지오이드를 기준으로 높이를 측정할 경우, 육지에 있는 산은 문제가 없지만 해양저에서 솟아오른 산의 높이는 어떻게 측정해야 할까? 예를 들어 해수면 아래의 높이가 5,000m이고 정상이 해수면 위로 100m 솟아 있는 산이 있다면 그 산의 높이는 100m다. 애초에 정상이 평균 해수면 위로 올라와 있지 않으면 높이를 잴 수조차 없다. 그래서 산기슭이 해양저에 있을 경우는 해양저를 기준으로 정상까지의 높이를 잰다.

하와이의 마우나케아 산의 경우 해면 위로 모습을 드러낸 부분은 420m 정도밖에 안 되지만 산기슭에 해당하는 태평양의 해양저에서부터 재면 높이가 1만 203m나 된다. 에베레스트의 높이를 1,355m나 웃돈다. 만약 지구상의 바닷물이 전부 마른다면 마우나케아가 세계에서 가장 높은 산이라고 할 수 있을지도 모른다.

다만 현재의 고도 측정 기준은 어디까지나 '지오이드'로 정해져 있기 때문에 최고봉은 역시 에베레스트다.

높이를
재는 방법은
한 가지가
아니구나.

에베레스트 정상에서 발견된 해저의 흔적

해발 8,848m로 세계에서 가장 높은 산이며 히말라야 산맥의 최고봉인 에베레스트의 정상 부근에는 등산가들이 노란 띠(Yellow Band)라고 부르는 지층이 있다. 노란 띠의 정체는 바로 석회암이다. 이 석회암은 성게의 친척인 갯나리라는 생물로부터 만들어졌으며, 그 안에는 화석도 들어 있다.

노란 띠를 포함하는 지층은 약 3억 년 전에 존재했던 테티스해의 해저에서 만들어졌다. 그때 해양저에서 생긴 지층이 지금은 8,000m 가까운 산 위에 있는 것이다.

수천만 년의 세월에 걸쳐 형성된 히말라야 산맥

테티스 해는 현재의 히말라야 일대에서 유럽 알프스까지 펼쳐져 있었다. 그러다 수천만 년 전부터 히말라야와 알프스 일대가 융기하기 시작해, 산들이 된 대륙이 바다에서 모습을 드러냈다.

1년에 1mm밖에 융기하지 않았더라도 수천만 년이라는 세월이 흐르면 그 높이는 수만 미터에 이른다. 그러나 실제로는 융기하는 과정에서 비바람과 하천 등에 심하게 침식되기 때문에 융기와 침식이 반복되다가 균형을 이루면서 산의 높이가 결정된다.

그렇다면 융기는 어떻게 해서 일어날까? 인도 대륙이나 유라시아 대륙 같은 엄청나게 큰 육지를 움직이는 판이 융기를 일으킨다. 육지는 지구 표면을 덮고 있는 두께 수십에서 백 수십 킬로미터 정도의 두꺼운 암석으로 구성된 수십 장의 판 위에 있으며, 마치 벨트 컨베이어처럼 1년에 몇 센티미터 정도의 속도로 이동한다. 즉 히말라야 산맥은 원래 인도 대륙을 태운 판이 유라시아 판에 충돌하면서 그 사이에 있었던 테티스 해에 퇴적되어 있던 지층이 현재의 높이까지 상승해 생긴 것으로 생각된다. 게다가 그 상승은 지금도 계속되고 있다.

◆ 히말라야 산맥의 형성

6500만 년 전

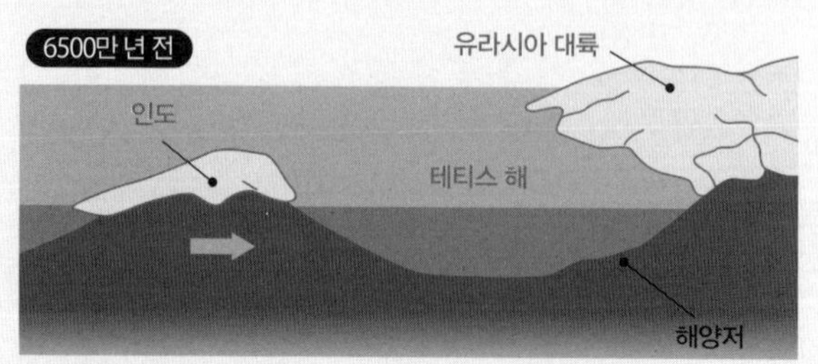

과거에 남반구에 있었던 인도 대륙이 북상하다.

5000만 년 전

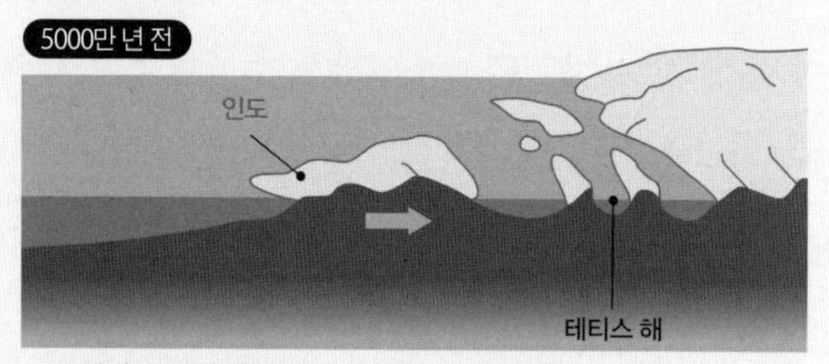

테티스 해의 해양저가 밀려 올라가 얕은 바다가 되다.

현재

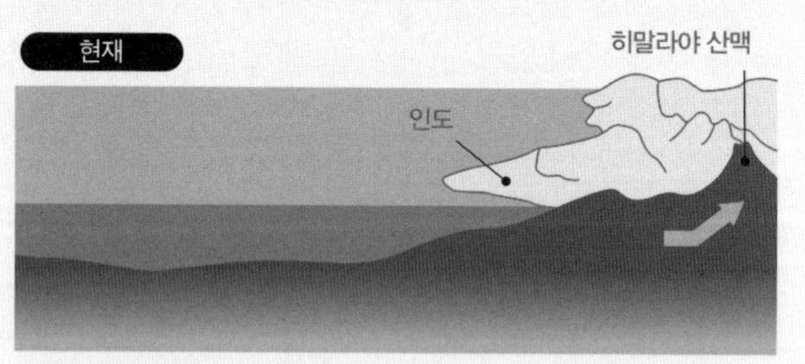

인도 대륙이 유라시아 대륙에 부딪혀 히말라야 산맥이 생기다. 테티스 해는 소멸

그렇다면 일본 열도의 경우는 어떨까?

현재 일본 땅에 존재하는 산지와 평야는 신생대 제4기(약 260만 년 전) 이후에 생긴 것이다. 지구의 역사를 생각하면 아주 최근이지만, 우리가 생활 속에서 말하는 '아주 최근'과는 차원이 달라도 한참 다르다. 어쨌든, 일본 열도는 이 신생대 제4기라는 시대에 거의 오늘날과 같은 모습으로 형성되었다.

지금으로부터 약 260만 년 전, 일본 열도의 곳곳에서 융기 혹은 침강이 시작되었다. 융기한 장소는 높아지는 동시에 비바람과 하천에 점점 깎여나갔다. 깎이는 양보다 융기하는 양이 많은 곳은 산이 되어갔다. 한편 침강한 장소는 분지가 되었다. 그리고 침강과 함께 주위의 융기한 산지에서 온 토사가 퇴적되어 평야가 출현했다.

이와 같은 융기와 침강을 '지각 변동'이라고 한다. 일본에서 가장 융기량이 컸던 곳은 북알프스라고도 불리는 히다 산맥으로 1,500m 이상이었고, 가장 침강량이 컸던 곳은 일본 최대의 평야인 간토 평야로 1,000m 이상이었다.

그렇다면 융기와 침강 속도는 어느 정도일까? 변동된 양을 약 260만 년으로 나누면 평균 속도를 알 수 있다. 가장 융기량이 컸던 히다 산맥과 가장 침강량이 컸던 간토 평야도 대략 1,000년

당 0.6~0.4m, 1년으로 환산하면 0.6~0.4mm밖에 안 된다. 1년에 1mm라도 260만 년이면 2,600m가 된다. 그야말로 '티끌 모아 태산'이다. 한편 히말라야 산맥의 융기는 1년에 10mm 이상이라고 하니 이건 티끌의 정도를 넘어선다. 이것을 보면 인도 대륙과 유라시아 대륙의 충돌이 얼마나 컸는지 새삼 느끼게 된다.

화산 활동은 마그마의 성분에 따라 달라진다

분화는 마그마가 지표를 뚫고 분출되는 현상

화산의 분화는 어떻게 해서 일어나는 것일까?

지구의 내부에는 높은 온도 때문에 질척질척하게 녹은 암석, 즉 마그마가 있다. 이 마그마는 지표 근처로 상승해 일단 마그마굄(Magma chamber)에 저장되었다가 지하의 균열 같은 약한 부분을 뚫고 지표로 분출된다. 마그마는 깊이 약 30~2,900km의 맨틀 중에서도 심도 약 35~670km의 비교적 얕은 부분에 있는 상부 맨틀에서 만들어지는 것으로 알려져 있다. 참고로 지구의 내부는 매우 뜨겁지만 그렇다고 해서 상부 맨틀의 모든 암석이 녹아 있는 상태는 아니다.

마그마가 만들어지는 원리에 관해서는 몇 가지 설이 있다. 첫째는 녹는점이 낮은 성분이 섞여서 마그마가 생긴다는 '저융점 성분 혼입설'이다. 일본 열도처럼 대양과 인접한 쪽을 따라 해구가 지나가는 길쭉한 열도를 '호상열도'라고 하는데, 해구 부근에서는 육지 방향으로 판이 계속 가라앉는다. 그리고 판이 가라앉으면서 대량의 물이 맨틀 안쪽으로 들어간 결과 암석의 녹는점이 낮아져 마그마가 생긴다는 설이다.

둘째는 압력이 감소함으로써 고체인 암석이 녹아 액체인 마그마가 된다는 '감압 융해설'이다. 해구 부근과는 대조적으로 해령같이 해양판이 솟아오르는 곳에서는 판과 함께 맨틀이 상승한다. 이때 압력이 높은 지하에서 압력이 낮은 지표 부근으로 올라옴에 따라 암석의 일부가 녹아서 마그마가 만들어진다는 설이다.

마그마굄은 지각과 맨틀의 경계에서 화산의 지하 수 킬로미터 깊이까지 넓게 존재할 가능성이 있다고 한다. 마그마가 마그마굄에서 지표로 분출되는 일련의 현상을 '화산 활동'이라고 부른다. 마그마에서 발생한 기체의 압력에 따라 대폭발, 즉 분화가 일어난다. 이때 분화구에서 용암(약 1,000~1,200℃)이 흘러나오며, 그 밖에 화산탄과 화산력, 화산재 등이 화산 가스와 함께 분출된다 (화산탄과 화산력, 화산재는 모두 분화로 생긴 고체 방출물로, 지름이 32mm

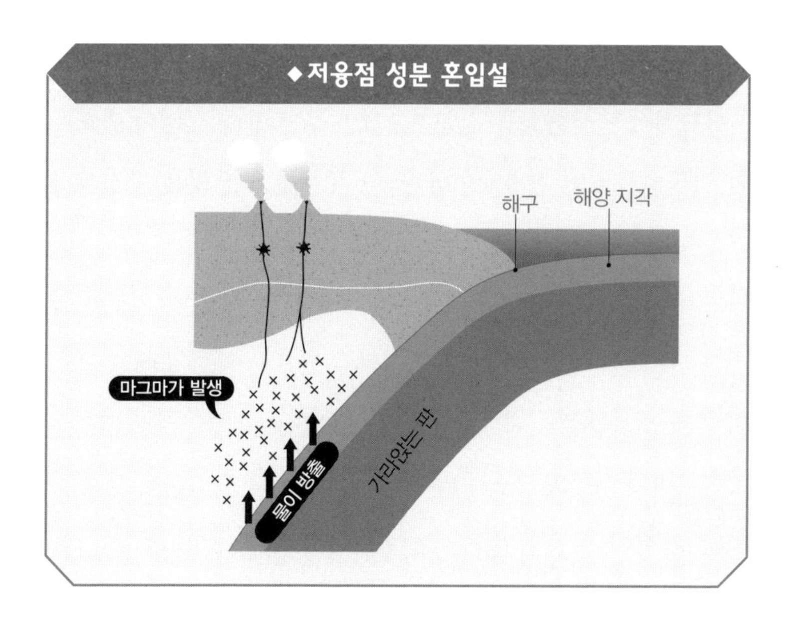

이상이면 화산탄, 4~32mm이면 화산력, 4mm 미만이면 화산재로 분류한다-옮긴이).

분화 전에는 지하에서 암반이 파괴되어 지진이 빈발하거나 마그마와 가스의 팽창으로 산체가 융기하는 등의 현상이 나타날 때가 많기 때문에 어느 정도 분화를 예지할 수 있다.

이산화규소의 비율이 산의 높이를 결정한다

화산 활동의 양상은 마그마의 점도나 들어 있는 가스의

양 등에 따라 차이가 난다.

마그마에는 이산화규소라는 물질이 들어 있다. 석영이 대표적인 이산화규소의 결정체이며, 특히 무색투명한 것은 수정이라고 한다.

지각 속에 있는 원소의 비율(질량 %)을 보면 가장 많은 것이 산소고 그 다음이 규소다. 그래서 지각을 만드는 암석 속에는 산소와 규소의 화합물인 이산화규소가 상당히 많이 들어 있다.

마그마에 이산화규소가 많이 들어 있을수록 용암의 점성이 커지며, 점성이 큰 용암일수록 높이 솟아올라 경사가 급한 화산이

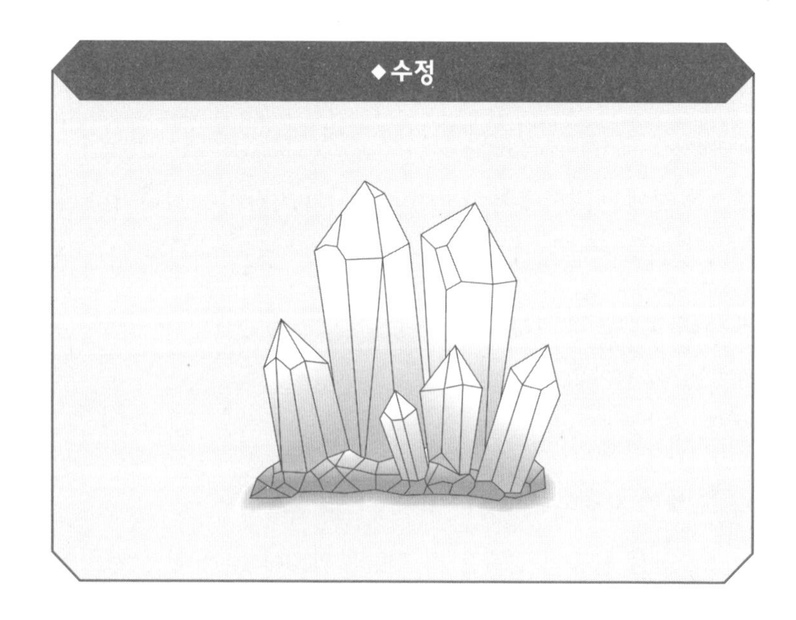

◆ 이산화규소의 함유 비율과 용암의 상태

		이산화규소의 함유 비율		
		많다(70% 이상)		적다(50% 이하)
용암의 상태	분출 시 용암의 온도	낮다(약 1,000℃)	⇦ 중간 ⇨	높다(약 1,200℃)
	분출 시 용암의 점성	크다		낮다
	용암이 굳는 형태	높이 솟는다		얇게 퍼진다
	분화 양상	폭발적으로 분화		용암이 조용히 흐른다
	【화산의 예】	쇼와신 산	아사마산	킬라우에아(하와이)

되는 경향이 있다. 이산화규소의 비율이 낮아 점성이 낮은 용암은 조용히 흐르며 경사가 완만한 화산이 되기 쉽다.

분화 방식도 이산화규소의 함유량에 따라 달라진다. 이산화규소의 비율이 낮은 마그마는 가스가 잘 빠져나가 비교적 조용한 분화가 될 확률이 높은 데 비해 이산화규소의 비율이 높은 마그마는 용암의 점성이 커짐에 따라 가스가 잘 빠져나가지 못해 폭발적으로 분화하는 경향이 있다. 또한 용암의 점성이 클수록 용암이 굳은 채로 융기해 돔을 만들거나 화쇄류(火碎流, 분출된 화산재와 암석 등이 뒤섞인 화산 부스러기들이 고속으로 흘러내리는 현상-옮긴이)를 발생시키곤 한다.

화산이 자주 분출하는 일본의 경우 대부분 마그마에 이산화규소가 많이 들어 있어서 폭발적으로 분화하는 유형에 해당한다. 일본의 천연기념물로 현재도 정상에서 스팀이 나오고 있는 활화산 홋카이도의 쇼와신 산과, 1990년부터 5년간 계속된 화산활동으로 생긴 나가사키 현의 헤이세이신 산은 이산화규소가 많이 들어 있는 마그마가 만들어낸 화산의 전형이다.

'조몬 삼나무'의 나이가 의심스럽다

풍부한 식물종이 자생하여 유네스코 세계자연유산으로 지정된 일본의 섬 야쿠시마에는 '조몬 삼나무'라는 삼나무가 있다. 수령이 7,200년으로 추정되었기 때문에 일본의 선사시대인 조몬 시대(신석기 시대에 포함되며 약 1만 2,000년 전~2,300년 전)를 살았다고 해서 조몬 삼나무라고 부르게 되었는데, 이 나무의 나이에 의문이 제기되었다.

야쿠시마 인근, 가고시마 현 남쪽에 위치한 섬 이오지마와 다케시마(독도와는 아무 상관없는 가고시마 현의 섬 다케시마를 말함-옮긴이) 사이에는 '기카이 칼데라'라는 지형이 있다. 칼데라는 분화로 움푹 들어간 땅을 가리킨다.

기카이 칼데라가 생긴 시기는 약 6,300년 전이다. 이때의 분화는 대규모 화쇄류로서, 분출된 용암과 화산재가 그대로 식어서 굳지 않고 다시 녹을 만큼 고온이었다. 이 화쇄류가 규슈 일대를 덮쳐 당시 규슈에 살던 생물을 거의 전멸시키지 않았을까 추정되고 있는데, 그렇다면 야쿠시마도 당연히 화쇄류의 영향을 받았을 것이다. 당시 하늘 높이 분출된 화산재는 홋카이도까지 날아갔으며, 어떤 곳에서는 약 10cm 두께로 쌓인 것이 지금까지 남아 있다.

참고로 현재 조몬 삼나무의 나이는 방사성 원소의 붕괴를 이용한 연대 측정 결과 3,000~4,000년(2,700년이라는 설도 있다)이 정설이 되었다.

보리밭에 화산이 생기다

제2차 세계대전에서 일본의 패색이 짙어가던 1943년 12월 28일, 우스 산 북서쪽 기슭의 도야코 온천 마을을 중심으로 갑자기 지진이 빈발하기 시작했다. 우스 산은 현재까지 활동하는 활화산으로 계속 분출된 용암이 겹겹이 쌓여 이루어진 산이다.

당시 홋카이도 소베쓰무라(현 소베쓰초)의 우체국장이었던 미마쓰 마사오(三松正夫, 1888~1977)는, 1910년에 우스 산이 분화했을 때 현지 관측을 나온 도쿄대학의 오모리 후사키치(大森房吉, 1868~1923) 씨를 도우면서 '메이지신 산'의 탄생을 지켜본 경험이 있었다. 그때의 경험을 통해 화산에 관한 지식을 어느 정도 쌓았던 그는 첫 진동을 느끼자마자 우스 산이 활동을 시작했음을 알아채고 화산학자 지인들에게 즉시 상황을 타전한 뒤 현장으로 달려갔다. 그러나 과학자들은 전쟁에 필요한 조사와 연구로 바빠 현장에 올 수 없었다. 또 군부는 전시에 이런 천재지변이 일어난 사실을 알면 국민들이 동요한다는 이유에서 필사적으로 사실을 숨기려 했다.

그후 소베쓰무라의 보리밭이 점점 불룩해지더니 화구가 생기고 몇 차례 분화가 일어났다. 그리고 종전 직후인 1945년 9월 20일, 용암 돔이 솟아올라 해발 407m에 이른 시점에서 화산 활동을 마쳤다. '쇼와신 산'이 탄생하는 순간이었다.

쇼와신 산은 정상에 용암탑이 솟아오른 형상으로, 이것을 벨로니테형 화산이라고 부른다. 산괴(산줄기에서 따로 떨어져 있는 산덩어리-옮긴이)에서는 지금도 가스가 계속 분출되고 있다. 현재의 해발 고도는 398m이며, 온도 저하와 침식 등으로 매년 낮아지고 있다.

세계가 놀란 미마쓰 다이어그램

화산학자와 군부의 협력을 전혀 얻지 못한 우체국장 미

마쓰는 어쩔 수 없이 자신이 직접 관찰해 기록을 남기기로 했다. 식량도 없고 필름이나 종이, 의복조차 부족한 전시에 '분화는 지구의 내부를 연구할 가장 좋은 기회'라는 가르침에 따라 먹고 자는 것도 잊은 채 창의적인 궁리를 거듭하며 화산 활동을 세밀하게 기록한 것이다. 우체국 뒤쪽에 가로로 끈을 매고 그 선을 기준으로 산의 높이를 스케치했다고 한다.

이렇게 해서 세계 최초로 화산 활동이 시작되어 끝날 때까지의 과정을 기록한 '미마쓰 다이어그램'이 완성되었다.

미마쓰 다이어그램은 두 장의 그림으로 구성되어 있다. 한 장

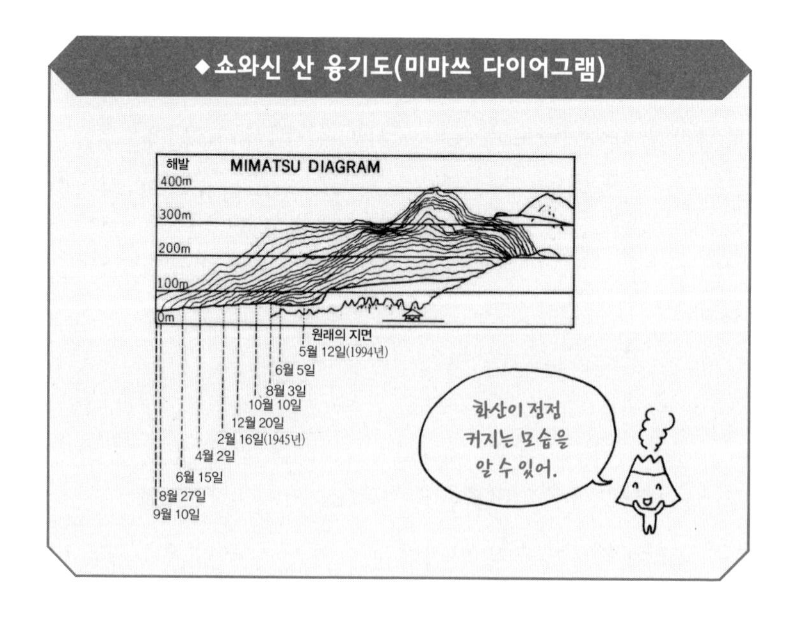

◆쇼와신 산 융기도(미마쓰 다이어그램)

은 능선의 변화를 그림으로 기록한 '쇼와신 산 융기도'다. 그리고 다른 한 장은 활동이 시작되어 끝날 때까지의 관측 자료를 집대성한 것으로, 우체국에서 체감한 지진 횟수와 분화·융기의 상관관계를 정리한 '시계열 상관관계도'다.

이 두 장은 지리학자이자 지질학자인 다나카다테 히데조(田中館秀三, 1884~1951)의 노력으로 1948년에 노르웨이 오슬로 시에서 개최된 국제 화산 회의에 제출되었다. 회의 참가자들은 전시 중에 벽지에서 일어난 화산 탄생의 상세한 기록을, 그것도 아마추어가 남겼다는 사실에 경탄했다. 그리고 미마쓰 다이어그램은 화산학 역사에 빛나는 업적이 되었다.

세계 최초의 활화산 소유자

1946년, 미마쓰는 개인 재산을 털어 쇼와신 산과 그 일대를 아예 사버렸다. 그는 쇼와신 산은 세계 최초로 성장 과정이 확인된 '융기형 화산'의 귀중한 표본이며, 지구의 파괴력과 재생력을 오래도록 지켜보기 위해서라도 일대를 보존해야 한다고 생각했다. 또한 보리밭이 화산이 되어버리는 바람에 먹고 살 길이 막막해진 농민들을 위해 정부와 홋카이도에 구제를 요청하는 등 분주히 활동했다. 그러나 정부에서는 재해의 원흉인 화산을 보호한다니 말도 안 된다며 상대해주지 않자 어쩔 수 없이 자신의 재산 2만 8,000엔을 들여 주요 부분 42ha(헥타르)를 사들인 것이다. 이렇게 해서 미마쓰는 '세계 최초의 활화산 소유자'가 되었다.

쇼와신 산을 사랑한 미마쓰 마사오는 1977년에 89세를 일기로 눈을 감았다. 그리고 현재는 미마쓰 마사오 기념관 관장으로 있는 그의 사위가 그의 뜻을 계승하고 있다.

지금도 살아있는 화산, 쇼와신 산

쇼와신 산은 한때 일반에 공개되어 지열과 가스 분출음을 느끼면서 살아 있는 화산을 즐길 수 있는 유일한 장소였다. 그러나 1977년의 우스 산 분화 이후 돔 붕괴의 위험이 지적됨에 따라 지금은 사고 방지를 위해 입산이 제한되고 있다.

필자는 화산을 공부할 목적으로 특별히 허가를 얻어 당시 소베쓰무라의 과학 교사로 있던 한 화산 전문가의 안내를 받으며 쇼와신 산에 오른 적이 있다. 그때 열기를 내는 화구에서 달걀을 삶기도 했다. 산을 내려와 미마쓰 마사오 기념관을 방문하자 미마쓰 관장은 우리가 산 정상에 서 있는 모습을 찍은 사진을 선물로 줬다.

쇼와신 산은 낮은 산이지만 지반이 쉽게 무너질 뿐만 아니라 발 디딜 곳이 마땅치 않은 곳이 많기 때문에 잘못 미끄러지면 떨어져서 생명을 잃을 수도 있는 위험한 산이다. 지금은 입산이 금지되어 아쉬움이 있지만 화산에 대한 많은 것을 배우고 자신이 서 있는 이 땅의 신비로움을 느낄 수 있는 특별한 경험을 할 수 있는 곳이다.

화석은 신의 세공품이다?

16, 17세기경 유럽에서는 큰 규모의 건축과 운하 공사가 활발하게 이루어졌다. 당시 공사를 위해 땅속을 깊게 파헤쳤던 인부들은 파충류나 물고기의 뼈 같은 것, 조개껍질, 돌처럼 된 나무뿌리나 가지 등을 잔뜩 발굴했다. 그것들은 바로 오늘날 말하는 화석이었다. 당시에는 아직 화석의 존재가 알려지지 않았던 탓에 연구자들은 이것들의 정체를 놓고 여러 가지로 추측했다. 만능 천재로 일컬어지는 레오나르도 다 빈치(Leonardo da Vinci, 1452~1519)가 "이것은 고대 동식물의 유해가 땅속에 파묻혀 오랜

시간이 지나는 동안 돌로 바뀐 것으로 보인다"라고 정확하게 분석했지만, 당시로서는 소수 의견에 지나지 않았다. 가장 지배적이었던 생각은 '대지의 조형력을 통해 만들어졌지만 생명력을 갖지 못한 것'이라는 조형력설이었다. 다시 말해 화석은 자연의 장난질 또는 신비한 조형력의 산물이라는 것이다.

독일 뷔르츠부르크대학의 교수였던 요한 바르톨로뮤 아담 베링거(Johann Bartholomew Adam Beringer, 1667~1740)는 화석 연구가로 유명한 인물이었는데, 그 또한 '화석은 신이 장난으로 만든 돌 세공품이다'라는 생각을 강하게 주장했다.

베링거는 자신의 설을 더욱 강력히 뒷받침할 증거를 얻고자 세 소년을 고용해 마을 근처의 산지에서 화석을 찾게 했다. 이윽고 소년들은 새 · 거북 · 뱀 · 개구리 · 곤충 · 물고기 등을 조각한 돌, 꽃과 초목을 그린 돌, 태양과 달 · 별 · 혜성 등을 그린 돌 외에 라틴어와 아라비아어 · 헤브라이어 문자를 새긴 돌 등을 속속 가지고 왔다. 그들이 가지고 온 돌은 모두 합쳐 2,000개에 이르렀다고 한다. 베링거는 이 사료들을 바탕으로 1726년에 아름다운 그림이 들어간 해설서를 출판했다. 학자들은 앞다투어 이 책을 읽었고, 이 신기한 돌의 이야기는 유럽 전역에서 화제가 되었다.

그러던 어느 날, 베링거는 소년들이 파낸 돌에서 자신의 이름이 새겨진 화석을 발견했다. 그리고 이때 비로소 그때까지 발견

베링거가 속아 넘어간 가짜 화석

한 화석들이 누군가의 장난이었음을 깨달았다. 베링거는 세 소년을 추궁했고, 동료 교수와 대학 사서가 오만한 베링거를 골탕 먹이려고 꾸며낸 장난이었음을 알게 되었다.

불쌍한 베링거는 "사재를 털어서 내 책을 전부 사들인 다음에 모조리 불태워버려야겠어"라고 힘없이 말했다고 한다.

화석이 되려면 기적적인 조건이 갖춰져야 한다

생물이 화석이 되기 위해서는 조건이 필요하다. 그 조건은 '몸을 동물에게 먹히지 않고, 또한 썩지 않는 장소에서 온전한 상태로 죽는' 것이다. 그런 조건이 갖춰진 장소는 깊은 땅속밖에 없다. 땅 위에서는 설령 동물에게 먹히지 않더라도 곰팡이나 세균에 분해될(썩을) 위험이 높다. 그러나 땅속 깊숙한 곳에 묻히면 동물에게 먹힐 염려도 없고 세균도 없어서 몸이 썩지 않는다. 그리고 그 위에 토사가 퇴적해 오랜 시간이 지나면 토사와 그 속에 갇힌 생물 모두 점점 단단한 암석으로 변화한다.

다만 생물의 몸이 그대로 온전하게 남지는 않는다. 생물이 땅속에 갇히고 수만 년, 수천만 년, 수억 년이라는 긴 시간이 흐르는 사이에 쉽게 분해되는 부분은 사라져버리고 생물의 몸 가운데 극히 일부가 광물로 치환되는 등의 형태로 남는다. 예를 들어 자연계에서 동물의 뼈가 화석이 되어 남는 비율은 대충 10억 개 중에 한 개 정도로 생각되고 있다. 인간의 뼈가 한 사람당 206개임을 감안하면 지금 세계 인구(약 72억 명)의 뼈 가운데 화석이 될 수 있는 것은 다 합쳐야 1,483개라는 계산이 나온다.

몸이 남아 있는 화석, 남아 있지 않은 화석

1900년, 시베리아의 얼음 속에서 털과 살이 그대로 남아 있는 매머드가 발견되었다. 매머드의 살집을 떼어 개에게 주니

맛있게 받아 먹었다고 한다. 이 매머드는 '얼음 속의 화석'이라고 할 수 있다.

한편 몸이 남아 있지 않은 화석으로 유명한 것은 독일의 약 1억 5,000만 년 전(중생대 쥐라기) 지층에서 발견된 해파리로, 몸은 남아 있지 않고 해파리 모양만 있는 '인상 화석'이다. 해파리가 모래나 진흙 위에 가만히 누운 뒤에 위에서 빠르게, 그리고 조용히 모래나 진흙이 퇴적해 위아래의 모래 또는 진흙에 해파리의 인상을 남긴 것이다.

이와 마찬가지로 공룡이 걸어간 발자국이 석회암 위에 남은 '발자국 화석'이나 갯지렁이 등의 다모류(多毛類), 게 등의 갑각류가 지나간 흔적이 새겨진 '기어간 흔적 화석' 등이 있다. 동물의 똥 화석도 발견되었다.

그 밖에 게 구멍이나 천공 조개라는 조개가 낸 둥지 구멍 등 동물이 살았던 둥지의 화석도 각지에 남아 있다. 이런 것들을 '생흔 화석'이라고 부른다.

요컨대 먼 옛날의 생물이 남긴 것이라면 무엇이든 화석이라고 할 수 있다는 말이다. 화석을 영어로 포실(fossil)이라고 하는데, 이것은 '지구에서 발굴했다'라는 의미의 라틴어에서 유래했다.

'살아 있는 화석'의 정체

한편 '살아 있는 화석'이라고 불리는 실러캔스와 같은 생물도 있다. 실러캔스의 해부학적 성질을 조사한 결과 현재의 어류와는 현저히 다르며 고생대(데본기) 생물의 형태임이 밝혀졌다. 먼 옛날부터 거의 모습을 바꾸지 않은 채로 오늘날까지 살아남았기에 '살아 있는 화석'이라고 부르게 된 것이다.

식물 중에서는 메타세콰이어나 은행 등이 '살아 있는 화석'에 해당한다. 일반적으로 꽃을 피우는 식물은 암술과 수술을 통해 수분하며, 화분관이 뻗어나와 난세포와 합체해 수정한다. 그런데 은행은 꽃을 피움에도 정자가 물속을 헤엄쳐 가서 난세포와 합체함으로써 수정한다. 꽃을 피우는 식물이 이렇게 수정하는 것은 고생대 식물의 특징 중 하나이며, 현재는 은행과 소철뿐이다.

은행은 화석을 분석했을 때, 고생대 후기 페름기인 약 2억 8,000만 년 전에 출현해 공룡이 번성했던 중생대 쥐라기에 가장 번성했다는 사실이 밝혀졌다. 그리고 유럽에서는 중생대 말기에 공룡과 함께 멸종했다고 여겨져 왔다.

그런데 1690년에 나가사키의 네덜란드 상관(商館)에 의사로 부임한 엥겔베르트 캠퍼(Engelbert Kaempfer, 1651~1716)가 나가사키의 어느 절에서 은행을 발견했다. 멸종한 줄 알았던 은행이 어떻게 나가사키에 있었던 것일까?

사실 빙하기에도 기후가 온난했던 중국 남동부 지역에서는 쥐라기 이후까지 은행이 살아남았는데, 그 은행이 불교의 전래와 함께 한반도를 경유하여 일본 각지에 퍼진 것으로 보인다.

자석의 N극이 가리키는 방향은 정확한 북쪽이 아니다

초등학교 과학 시간에 막대자석을 플라스틱 접시 위에 올려놓고 물에 띄워 방위를 측정하는 실험을 해본 적이 있을 것이다. 이때 N극은 북쪽을 가리킨다고 배웠을 텐데, 정확히는 항상 진북(眞北, 지구 표면을 따라 지리적인 북극을 향하는 방향-옮긴이)에서 조금 어긋난 방향인 자북(磁北, 자침의 북쪽 끝을 가리키는 방향-옮긴이)을 가리킨다. 어긋난 정도는 측정하는 장소에 따라 달라서, 가까운 도쿄와 서울만 해도 차이가 난다. 도쿄의 경우는 진북에서 서쪽으로 7도, 서울은 6.5도 어긋난 방향을 가리킨다. 즉 N극이 가리키는 방향으로부터 동쪽으로 각각 7도, 6.5도 옮긴(수정한) 방향이 진북이다.

이렇게 자석이 가리키는 방위와 실제 방위의 차이를 '편각'이라고 한다. 참고로 약 350년 전에는 지금과 반대로 동쪽으로 8도 정도 어긋나 있었음이 밝혀졌는데, 이는 지구의 자극(지자기의 N극과 S극)이 천천히 이동하고 있기 때문이다. 이것을 '지자기의 영년(永年) 변화'라고 부른다. 이 정도의 오차는 우리가 일상생활을 할 때는 무시해도 별 상관이 없지만, 가령 지도를 만들 때에는 치명적인 문제가 된다.

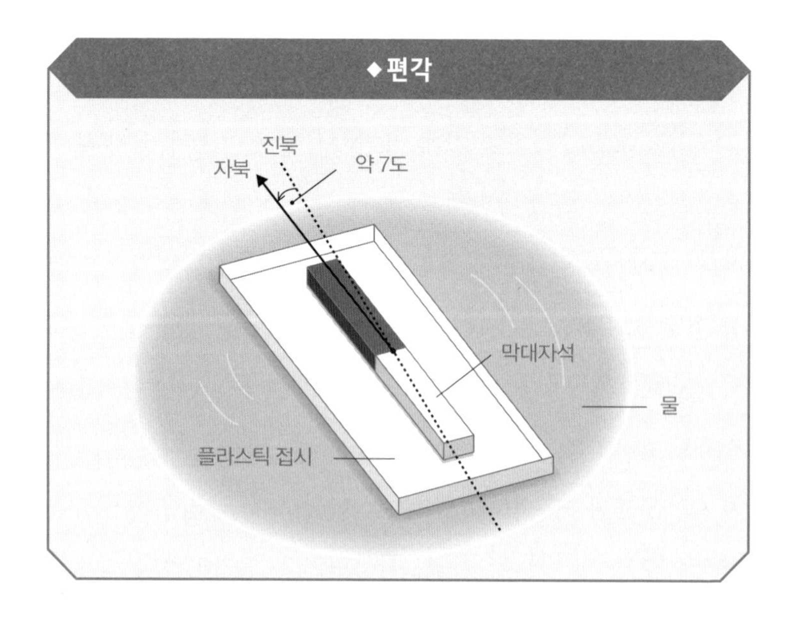

북반구에서 만든 나침반, 남반구에서는 사용하지 못한다

나침반을 사용할 때 자침을 잘 보면 수평이 아니라 N극이 조금 밑으로 기울어져 있다는 것을 알 수 있다. 밑으로 기울어지는 쪽은 북반구의 경우 N극, 남반구의 경우 S극으로 정해져 있으며, 적도에서 양극으로 갈수록 기울기가 커진다. 이 기울어진 각도를 '복각'이라고 하며, 복각을 측정할 때는 복각계를 사용한다.

복각이 약 50도(서울의 복각은 약 52도-옮긴이)인 경우, 본래대로라면 나침반의 N극 바늘은 50도 아래를 향해야 한다. 그러나 바

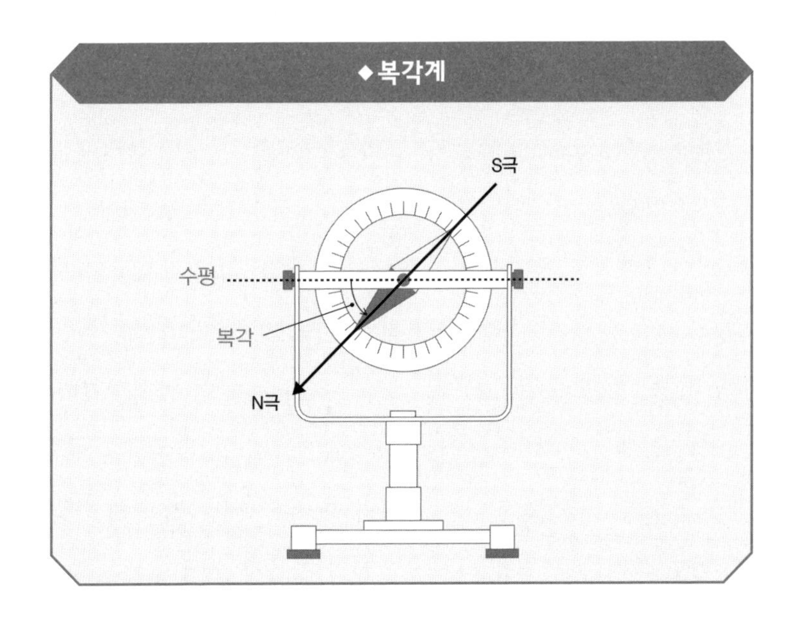

늘이 심하게 기울게 되면 자석의 축과 축받이가 서로 간섭해 자유롭게 회전할 수가 없다. 그래서 이를 방지하기 위해 자침이 수평으로 균형을 맞추도록 나침반의 S극 쪽 바늘을 무겁게 만든다.

그렇다면 북반구에서 만든 나침반을 남반구에서 사용하면 어떻게 될까? 실제로 뉴질랜드로 가져가 사용해봤더니 아니나 다를까, S극 쪽이 크게 기울어 자침이 잘 회전하지 않았다. 따라서 S극 쪽으로 복각이 있는 남반구에서는 N극 쪽이 무겁도록 나침반을 만든다.

북극에는 N극이 있을까, S극이 있을까

나침반의 N극이 항상 북쪽을 향하는 것을 보면 지구는 거대한 자석이라고 상상할 수 있다. 그렇다면 지구의 북극에는 N극이 있을까, 아니면 S극이 있을까? 'N극의 N은 'North(북쪽)'의 N이니까 북극에는 당연히 N극이 있겠지!'라고 생각하는 사람도 적지 않을 것이다. 분명히 북의 방위를 가리키는 N은 North, 남의 방위를 가리키는 S는 'South(남쪽)'의 머리글자다. 그러나 실제로는 북극에 S극이, 남극에 N극이 있다. 이것은 N극과 S극이 서로 끌어당긴다는 자석의 원리를 생각하면 딱히 이상한 일도 아니다. 요컨대 나침반의 N극이 북극 쪽에 있는 S극과 서로 끌어당겨서 북쪽을 향하는 것이다.

"그렇다면 자석에서 북쪽을 향하는 쪽을 S극이라고 지칭했어야지……"라고 말하는 소리가 들리는 듯한데, 그 생각도 일리가 있다. 사실 이것은 지자기가 연구되기 전에 자석에서 북쪽을 향하는 쪽을 N극, 남쪽을 향하는 쪽을 S극이라고 이름 붙인 탓이다. 당시는 자석이 북쪽을 가리키는 이유를 '북극성이 자석을 끌어당겨서'라든가 '자석으로 만들어진 섬이 북쪽 어딘가에 있어서'라고 믿었다.

자기력선을 보고 알 수 있는 것

과학 시간에 다음과 같은 실험을 한 경험이 있을 것이다. 흰 종이 위에 쇳가루를 뿌린 다음 종이 밑에 막대자석을 대고 종이를 가볍게 흔들면 〈그림 a〉와 같이 N극과 S극을 연결하는 자기력선의 모양이 생긴다. 그렇다면 지구 자체가 커다란 자석이니까 지구 주위에도 이와 같은 자기력선이 생길 것이다. 나침반의 방향은 자기력선을 따르므로 편각과 복각을 알면 자기력선을 알 수 있다. 복각은 북극과 가까워질수록 아래, 즉 지면을 향한다. 〈그림 b〉는 이렇게 해서 얻은 자기력선의 모양이다.

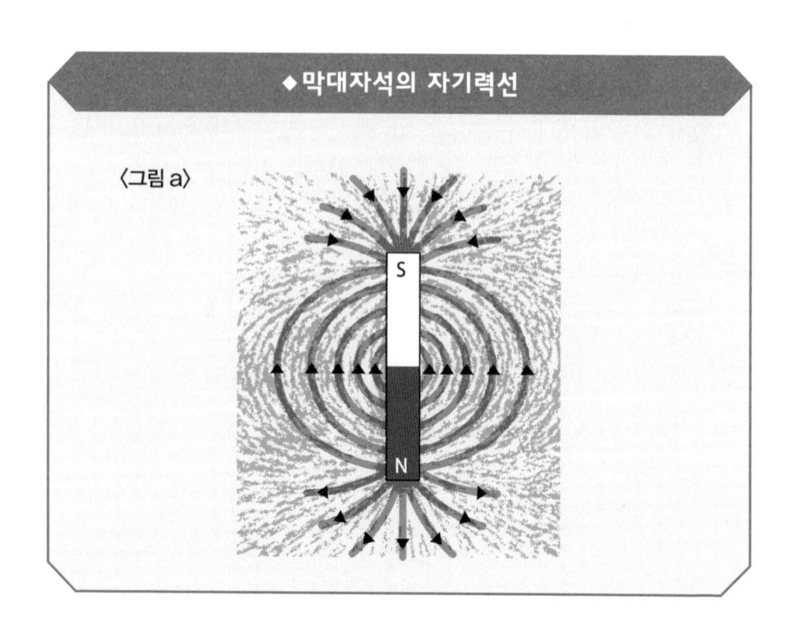
◆막대자석의 자기력선
〈그림 a〉
S
N

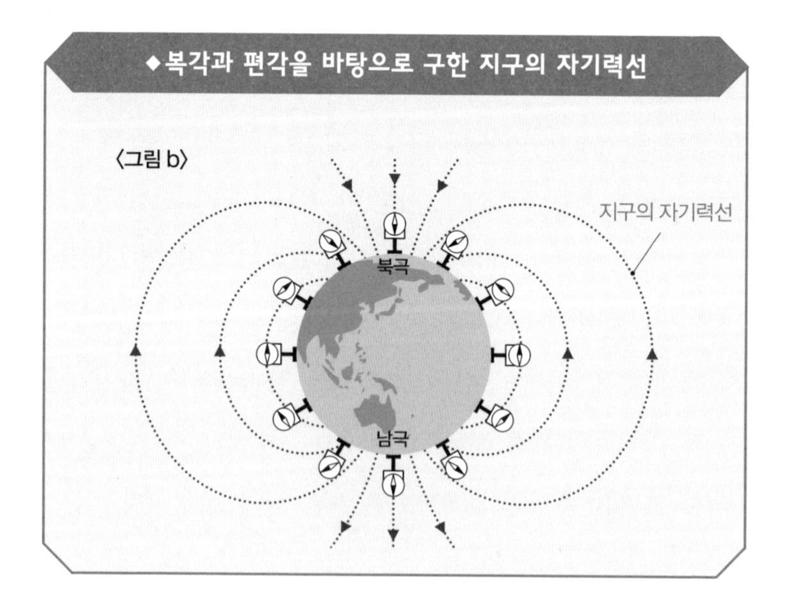
◆복각과 편각을 바탕으로 구한 지구의 자기력선
〈그림 b〉
지구의 자기력선
북극
남극

그렇다면 〈그림 a〉와 〈그림b〉를 겹쳐보자(74쪽 그림 참조). 지구의 지름과 자석의 길이를 똑같이 맞추면 양극에서 중위도(中緯度)에 걸친 자기력선이 일치하지 않는다. 그래서 막대자석의 길이를 조정해 지구 '핵'의 지름 정도로 줄이니 자기력선이 정확히 일치했다. 이 결과를 보면 지자기의 근원이 지구의 핵에 있음을 알 수 있다.

지구의 핵에 영구 자석이 있다?

먼 옛날 사람들은 지구의 핵에 영구 자석이 있다고 생각했다. 분명히 핵은 철로 구성되어 있으므로 영구 자석이 될 수 있다. 그러나 현재는 그 생각이 틀렸음이 밝혀졌다.

영구 자석은 일정 온도보다 온도가 높아지면 자성을 잃는다. 이 온도를 '퀴리점(Curie Point)'이라고 하는데, 철로 만든 자석의 경우는 770℃다. 그러나 핵의 온도는 대략 3,000℃ 이상으로 퀴리점을 가볍게 뛰어넘기 때문에 자성을 유지하기가 불가능하다. 요컨대 지구 내부에 영구 자석은 존재할 수 없는 셈이다.

그러자 '지구 다이나모 이론'이 새로 나왔다. 다이나모(Dynamo)는 발전기라는 뜻으로, 핵이 발전을 해서 얻은 전류가 핵을 전자석으로 만들고 있다는 설이다. 일반적인 전자석은 철심 주위의

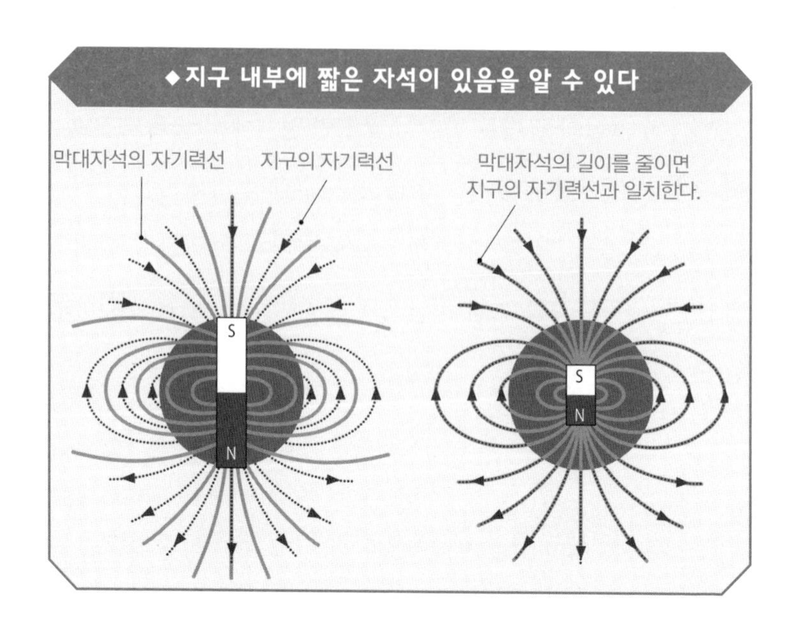
◆지구 내부에 짧은 자석이 있음을 알 수 있다
막대자석의 자기력선
지구의 자기력선
막대자석의 길이를 줄이면
지구의 자기력선과 일치한다.
S
N
S
N

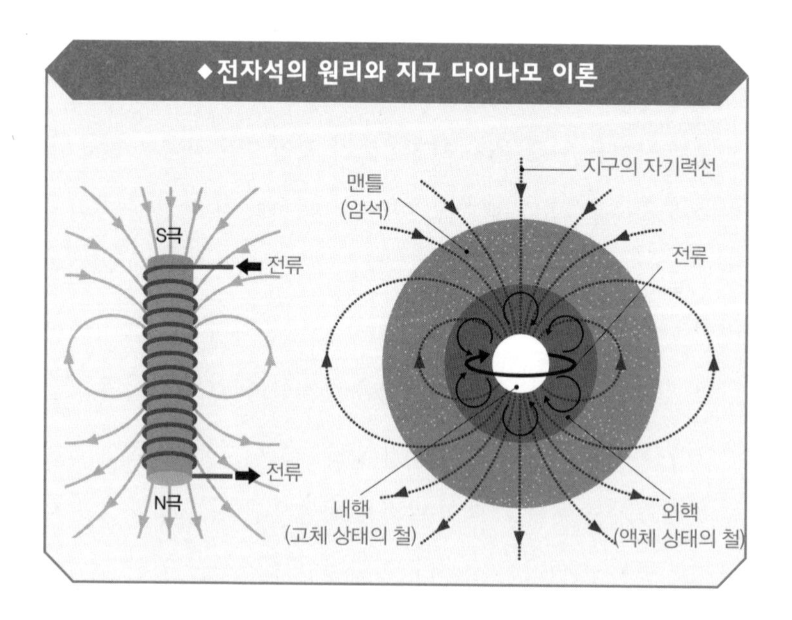
◆전자석의 원리와 지구 다이나모 이론
S극
전류
전류
N극
지구의 자기력선
맨틀
(암석)
전류
내핵
(고체 상태의 철)
외핵
(액체 상태의 철)

코일에 전류를 흘리면 자기장이 발생한다. 한편 지구의 경우, 철로 구성된 핵의 외부(외핵)는 액체 상태이며 핵의 내부(내핵)는 고체 상태다. 전도체인 철이 자기력을 지니고 대류하면 전류가 발생하고, 그 전류가 내핵 주위를 흘러 전자석을 형성하는 원리다.

전자석은 고온이 되어도 자성을 잃지 않으며, 핵 속의 대류가 변화한다면 자극이 이동하거나 역전하는 현상도 설명할 수 있기 때문에 현재로서는 가장 유력한 설이다.

지구 이외의 행성에도 자기장이 있을까

NASA(미국 항공우주국)가 쏘아올린 우주 탐사기의 조사를 통해 태양계에서는 지구 외에도 수성과 목성, 토성, 천왕성, 해왕성이 자기장을 가진 천체임이 밝혀졌다. 자기장을 가지지 않은 천체는 달과 화성, 금성인데, 이 가운데 달과 화성은 표면에서 영구 자석이 된 암석 지대가 발견되어 과거에는 발전기 작용에 따른 자기장이 있었던 것으로 추측되고 있다.

각각의 별에서 자기장은 어떤 영향을 끼치고 있을까? 목성을 예로 살펴보자. 지구와 목성의 자기장을 각 행성의 중심에 둔 자석으로 표현하면 목성의 자석은 지구의 자석보다 2만 배나 강하다. 그리고 이 강한 자력이 태양풍(태양으로부터 연속적으로 방출되어

빠른 속도로 돌진하는 양자와 전자의 흐름을 말한다. 즉 전자를 띠고 있는 입자들의 바람-옮긴이)을 끌어당겨 목성에는 대규모 오로라가 출현한다. 지구 궤도를 돌고 있는 허블 망원경으로 이 오로라를 관찰할 수 있다.

또한 목성의 중심에는 지구 무게(질량)의 10~15배나 되는 암석과 얼음으로 구성된 핵이 있으며 그 주위를 금속성 수소 맨틀이 둘러싸고 있는 것으로 추측되고 있다. 이 수소는 액체 상태로, 이것이 순환하면서 발전기의 역할을 하는 것으로 생각된다.

한때 N극과 S극은 지금과 반대였다

나침반은 항상 N극이 북쪽을, S극이 남쪽을 가리킨다는 상식을 뒤엎고 자극은 뒤집힌다고 주장한 사람이 있다. 지구물리학자인 마쓰야마 모토노리(松山基範, 1884~1958)다.

마쓰야마는 1926년에 효고 현의 겐부도 동굴에서 화성암에 갇힌 열 잔류 자기(24쪽 참조)를 조사한 결과, 보통과는 반대로 자기화되었음을 발견했다. 착오가 아니라면 이것은 과거에 자기장의 방향이 반대였던 시대가 있었음을 의미한다. 사실은 마쓰야마보다 20년 전에 프랑스의 지질학자인 베르나르 브륀(Bernard

Brunhes, 1867~1910)이 똑같은 암석을 발견했지만, 브뤼은 그것이 무엇을 의미하는지는 측정하지 못했다.

한편 마쓰야마는 열 잔류 자기의 역전 현상이 왜 일어났는지 원인을 찾아내려 했다. 그는 국내외 36곳의 화성암을 온힘을 기울여 조사하며 여러 가지 가능성을 검토했는데, 과거에 자극이 뒤바뀌어 있었다고밖에 생각할 수 없는 결과를 얻었다.

이렇게 해서 마쓰야마는 1929년에 지자기 역전설을 세계 최초로 발표했다. 그러나 마쓰야마의 설은 거의 주목받지 못했다. 당시는 과거의 자기를 조사하는 기술이 부족했고 이를 연구 대상으로 삼는 과학자도 드물어서 진위를 확인할 수 있는 사람이 없었기 때문이다. 결국 1950년대에 들어와서야 고지자기학의 발전으로 과거에 지자기의 역전이 있었음을 나타내는 증거가 속속 밝혀지면서 마쓰야마의 공적이 널리 인정받게 되었다.

마쓰야마는 1958년에 세상을 떠났지만, 1964년에 발표된 지자기 연표에 브뤼과 함께 이름이 새겨졌다. 지금으로부터 78만 년 전까지의 브뤼 정자극기(正磁極期)와 78만 년에서 258만 년 전의 마쓰야마 역자극기(逆磁極期)가 그것이다.

바로 지금이 지자기 역전이 진행되고 있는 순간이다

최근의 조사를 통해 지자기 역전의 역사가 과거 수억 년 전까지 해명되었다. 그 결과를 보면 지금까지 지구의 자기가 수없이 역전을 거듭해왔음을 알 수 있다. 현재와 같이 북극 쪽이 S극, 남극 쪽이 N극을 띠는 시기를 정자극기, 역전된 시기를 역자극기라고 부르는데, 정자극기와 역자극기는 거의 같은 빈도로 출현하며 어느 쪽이 정상이고 어느 쪽이 비정상이라고는 할 수 없다. 특히 최근 360만 년 사이에 일어난 11회의 역전에 관해서는 상당히 자세한 연대까지 측정되었는데, 출현 간격에 규칙성이 없기 때문에 다음 역전이 언제 일어날지는 추정이 불가능하다.

또한 역전이 어떻게 일어나는지 그 원리도 서서히 밝혀지고 있다. 역전에 걸리는 시간은 수백 년에서 수천 년 정도로 생각되는데, 좀 더 짧았다고 주장하는 학자도 있다. 어쨌든 약 46억 년이라는 지구 역사의 스케일을 생각하면 역전에 걸리는 시간은 한순간이라고 할 수 있다.

또 역전 방식은 자극축(磁極軸)이 180도 회전하는 것이 아니라 전체적인 지자기가 점점 약해지다가 거의 제로가 된 뒤에 반대 방향의 지자기가 서서히 강해지는 과정을 거친다. 그런데 최근 200년 사이의 지자기를 보면 서서히 약해지고 있으며, 이 경향이 계속되면 앞으로 1,000년 뒤에는 제로가 될 것으로 예상된

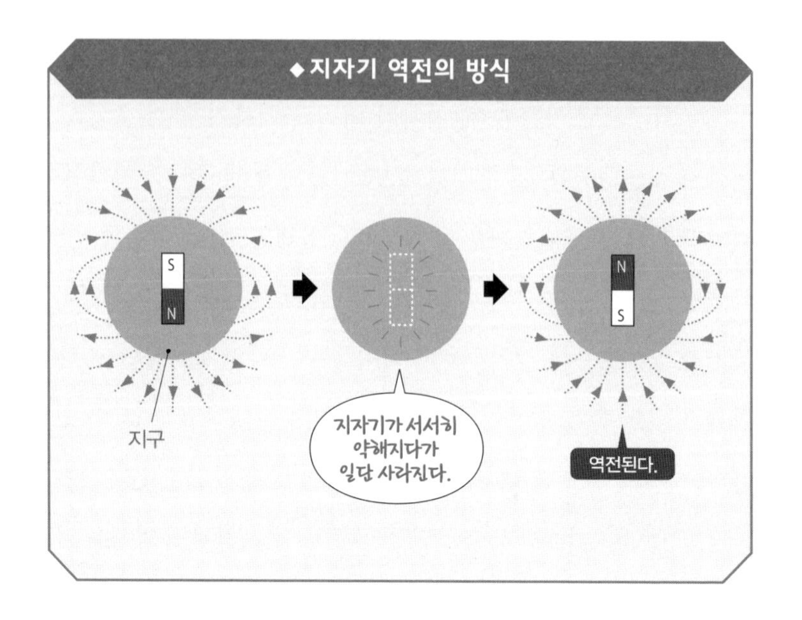

다. 어쩌면 바로 지금이 지자기 역전이 진행되고 있는 순간일지도 모른다.

 지자기 역전은 지구에 어떤 영향을 미칠까

지자기가 만들어내는 자기장은 태양에서 끊임없이 방출되는 하전 입자의 흐름(태양풍)을 막아주는 보호막 역할을 한다. 태양풍은 쉽게 말하면 방사선이기 때문에 생물에 해롭다. 즉 지자기 역전 과정에서 자기장이 극단적으로 약해지면 지표면에서 사는 생물의 생명이 위협을 받는다.

그러나 지금까지 수없이 많은 지자기 역전을 경험했지만 그때마다 생물이 대량 멸종했다는 흔적은 발견되지 않았다. 이것은 지구를 덮고 있는 대기가 제2차 방어막 구실을 함으로써 태양풍을 튕겨내기 때문으로 생각된다.

또 극 지역에서 볼 수 있는 아름다운 오로라는 지구 자기장이라는 방어막을 빠져나온 태양풍이 북극과 남극으로 끌어당겨져서 대기와 반응해 빛을 내는 현상이다. 그렇다면 지자기 역전이 한창일 때는 자기장이 약하므로 태양풍이 항상 대기권까지 도달해 대기권 상공이 따뜻해지거나 하늘이 오로라처럼 빛을 낼지도 모른다.

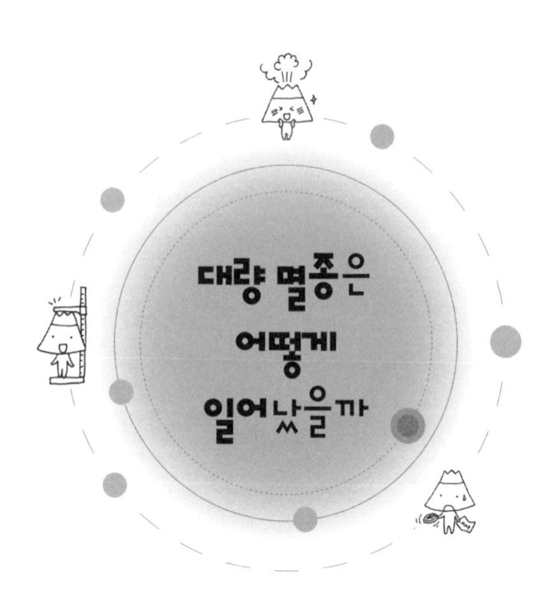

 멸종은 반복된다

지구 최강의 생물로 군림하던 공룡이 지금으로부터 6,600만 년 전에 갑자기 멸종한 이야기는 유명하다. 그런데 지구상에서 이런 대규모 멸종이 여러 차례 반복되어왔다는 사실을 알고 있는 사람은 그리 많지 않을 것이다.

생물종의 멸종 중에서도 자연 도태가 원인이 되어 일어나는 멸종을 '배경 멸종'이라고 한다. 한편 어떤 시기에 수많은 생물종이 한꺼번에 멸종하는 현상을 '대량 멸종'이라고 부르며 특별히 구분한다. 대량 멸종은 자연 도태가 원인이 아니라 지구의 환경에 이변이 발생함에 따라 일어나는 것으로 생각된다.

대량 멸종이 과거에도 여러 차례 있었다는 사실은 과연 무엇을 의미할까? 지구는 결코 안전을 보장해주는 땅이 아니며 현대를 살고 있는 우리에게도 대량 멸종의 위기가 찾아올 위험성이 존재한다는 뜻이다. 그러므로 인류가 지구상에서 오랫동안 살아남기 위해서는 과거의 대량 멸종에 대해 알아두는 것이 매우 중요하다.

생물종이 한꺼번에 멸종한 다섯 번의 사건

고생대 캄브리아기나 중생대 쥐라기 같은 식으로 연대를 표기하는 방식을 '지질 시대'라고 한다. 지질 시대는 그 시대의 지층에 있는 화석(표준 화석이라고 부른다)의 차이에 따라 결정된다. 예를 들어 표준 화석이 어떤 시대의 지층에서 많이 발견되는데 그 다음 시대의 지층에서는 전혀 발견되지 않는다면 그 표준 화석의 생물이 번성하다가 멸종했다고 추측할 수 있다. 이렇게 생각하면 정도의 차이는 있지만 지질 시대의 수만큼 대량 멸종이 있었던 셈이 되는데, 이 가운데 특히 많은 생물종이 한꺼번에 멸종한 사건이 다섯 번 있었다는 사실이 밝혀졌다. 이것이 이른바 '빅파이브(Big Five)'다.

빅파이브 중에서 최후의 대량 멸종은 대략 6,600만 년 전인 중생대 백악기 말기에 일어났다. 이때 쥐라기에서 백악기에 걸쳐 번성하던 공룡을 중심으로 생물종 전체의 약 75%가 절멸했다. 공룡의 멸종은 가장 유명한 대량 멸종으로, 백악기(영어로 Cretaceous, 독일어로 Kreide)와 다음 시대인 고(古)제3기(얼마 전까지는 단순히 제3기Tertiary라고 불렀다) 사이에 일어났다고 해서 'K-T 경계 멸종'이라고 한다.

이 멸종의 원인에 관해서는 처음에 여러 가지 설이 제기되었지만 무엇 하나 결정적인 근거를 제시하지 못했다. 그러던 가운데 미국의 지질학자인 월터 알바레즈(Walter Alvarez)는 이탈리아에서 K-T 경계에 해당하는 얇은 점토층을 발견했다. 그곳에서 그는 노벨상을 받은 물리학자이기도 한 아버지 루이스 알바레즈(Luis Walter Alvarez, 1911~1988)와 함께 미량 원소를 분석했는데, 그 점토층에서 정상적으로는 있을 수 없는 양의 이리듐이 검출되었다. 이리듐은 일반적으로 지표에서는 거의 발견되지 않으며 지구의 깊은 내부나 운석에 많이 들어 있는 원소다.

이 분석 결과를 바탕으로 그는 1980년에 '운석 충돌설'을 발표했다. 발표 당시에는 과거에 운석이 충돌했다는 증거를 제시하지 못했던 탓에 학계에서 인정받지 못했지만, 이후 이 설을 뒷받침하는 데이터가 속속 발견됨에 따라 현재는 정설로 자리 잡았다.

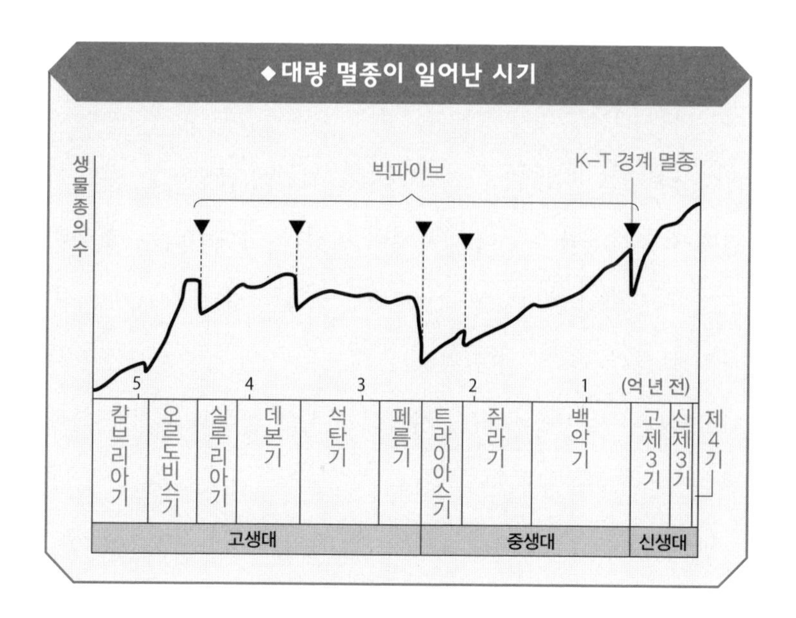

 운석 충돌이 불러온 지구의 대재앙

계산에 따르면 6,600만 년 전에 우주에서 날아온 운석의 크기는 지름 10km 정도였던 것으로 추측된다. 이 거대한 운석은 약 초속 20km의 속도로 대기권에 돌입해 표면 온도가 적어도 1만℃가 넘는 상태로 멕시코 남동부의 유카탄 반도 끝부분의 바다에 떨어졌다. 이에 따라 주변의 바닷물이 순식간에 증발하거나 튀어오르면서 해저가 노출되었다. 해저의 암석도 증발하거나 융해되거나 튀어서 날아가며 밥그릇 모양으로 파였고, 그 자리에 용암으로 가득한 깊이 40km, 지름 70km 정도의 크레이터가 출현했다. 이때 튀어오른 물질 중 일부는 우주 공간까지 날아갔다는 계산도 있을 정도다.

지상에서는 규모 11 이상의 격렬한 지진이 발생했고, 충돌 지점에서 충격파와 폭풍이 파문처럼 퍼졌다. 크레이터는 그 충격으로 무른 벽이 붕괴되면서 바깥쪽으로 넓어져 지름 100km 이상의 동심원 구조로 바뀌었다. 그리고 폭풍에 휩쓸려 공중으로 날아갔던 용암이 낙하하기 시작해 지상의 동물과 식물을 불태웠다.

바다에서는 이 충돌로 쓰나미 제1파가 발생한 뒤 깊게 파인 해저로 바닷물이 되돌아오며 거대한 썰물이 되어 주변의 해안선을 크게 후퇴시켰다. 이후 크레이터 안으로 돌아온 바닷물은 그 기세를 이기지 못하고 크게 솟구쳤다가 다시 육지를 향해 밀려들었고, 그 결과 거대한 쓰나미가 전 세계의 해안가를 덮쳤다. 이 쓰나미의 높이는 멕시코 만 연안의 경우 약 300m에 이르렀던 것으로 추정된다.

운석이 충돌했을 때의 에너지는 히로시마에 떨어진 원자폭탄 약 10억 개 분량으로 추정되며, 충돌 지점 주변의 생물은 뜨거운 불길과 폭풍, 그리고 쓰나미에 괴멸 수준의 피해를 입었을 것으로 추측된다.

운석 충돌의 직접적인 영향이 가라앉자 이번에는 2차 재해가 지구를 덮쳤다. 운석이 충돌하면서 솟구친 먼지와 산불로 생긴 그을음이 지상에 도달하는 태양 광선을 100만 분의 1로 감소시킨 것이다. 세계가 몇 달 동안이나 암흑 속에 갇히자 식물은 광합성을 하지 못하는데다 설상가상으로 추위까지 덮쳐 얼어 죽었고, 심해에 사는 생물을 제외한 거의 모든 생물이 타격을 입었다. 먼지와 그을음 중에서도 입자가 큰 것은 몇 달 뒤 지상으로 떨어졌지만 그보다 작은 입자는 대기권에 머물면서 햇빛을 차단해 약 10년 동안 지구를 한랭화시켰다.

이것이 이른바 '충돌의 겨울'이다. 충돌의 피해를 직접 받지 않았던 생물들도 대부분 이런 지구 환경의 변화를 견디지 못하고 멸종했을 것으로 생각된다.

현재 일어나고 있는 대량 멸종의 원인

천체의 충돌이 얼마나 어마어마한 재앙을 불러오는지, 그 사실을 알고 나면 다음 충돌은 언제 일어날지 신경이 쓰일 수밖에 없다.

지구의 궤도와 교차하는 천체는 이미 몇 개가 발견되었으며, 그런 천체의 경우 당장은 충돌할 위험성이 없음이 확인되었다. 다만 아직 발견되지 않은 천체도 상당수 있는데, 이에 관한 정확한 예측은 어려운 상황이다. 현재 NASA에서는 '지구 근방 소행성 추적 프로그램'을 통해 지구와 충돌할 위험성이 있는 천체를 항상 감시하고 있다. 다만 그런 천체를 발견했다고 해도 현 시점에서는 아직 충돌을 피할 구체적인 방법이 없다.

K-T 경계 멸종 이외의 대량 멸종에 관해서는 아직 정확한 원인이 밝혀지지 않은 상태다. 현재로서는 '거대 운석의 충돌' 이외에 '거대 분화' '대륙 분포의 변화' '태양계 근방에서 초신성 폭발' 등 다양한 원인이 거론되고 있다. 대량 멸종을 '사건'에 비유한다면 각 사건의 진상과 파멸의 시나리오를 철저히 조사해야 할 것이다. 그것이 앞으로 벌어질 수 있는 사건을 미연에 방지하는 길이다.

한편 섬뜩한 데이터도 있다. 많은 생물학자는 우리 인류가 저지르는 갖가지 환경파괴 행위와 인류의 존재 자체가 지구 환경과 지구상의 다른 생물에 직접 또는 간접적으로 커다란 영향을 끼치고 있으며 그것이 원인이 되어 조용히 대량 멸종이 진행되고 있다고 지적한다. 『레드 데이터북』(국제 자연 보호 연맹이 야생동물의 멸종 위험도에 따라 등급을 매겨 간행한 책-옮긴이)에 등록되어 있는 멸종 위기종은 빙산의 일각에 불과하고 표면화되지 않은 생물종의 멸종도 상당수에 이를 것으로 추정되고 있다. 이것은 자연 도태에 따른 멸종의 속도를 크게 웃돌고 있으며, 일설에는 향후 30년 사이에 20%, 100년 사이에 50%의 생물종이 멸종할 것이라는 예측도 있다.

거대한 자연 재해에 따른 대량 멸종을 걱정하기 전에 우리의 생활방식과 자연과의 관계를 되돌아봐야 할 시기가 온 것인지도 모른다.

궁극의 빙하기, 스노볼 어스

'스노볼 어스(Snowball Earth) 가설'에 대해 들어본 적이 있는가? '전 지구 동결'이라고도 불리는 스노볼 어스는 지구 표면의 대부분이 두꺼운 얼음에 뒤덮이는 현상을 가리킨다. 이 가설은 1992년에 미국의 조지프 커슈빙크(Joseph Kirschvink)가 처음 제창했다. 그리고 1998년에 역시 미국의 폴 호프먼(Paul F. Hoffman)이 증거를 발견해 주목을 모았다.

가설에 따르면 지구는 과거에 세 번 정도 전 지구 동결을 경험했다. 가장 오래된 빙하기는 약 23억 년 전 원생대 초기의 휴로

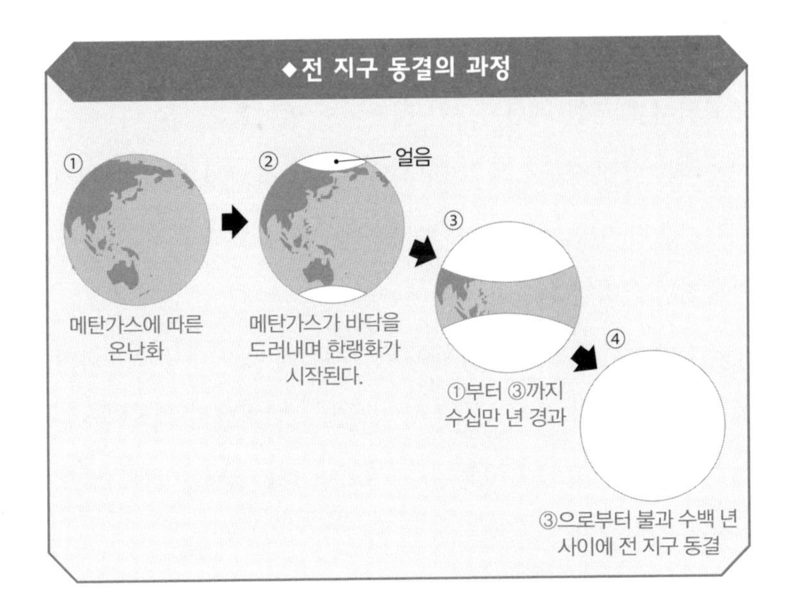

니안 빙기(Huronian Glaciation)이며, 약 7억 년 전의 스타티안 빙기(Sturtian Glaciation)와 약 6억 5,000만 년 전의 마리노안 빙기(Marinoan Glaciation)다.

 메탄가스에 의한 전 지구 동결 시나리오

다만 어떻게 전 지구 동결에 이르렀는지 그 결정적인 원인은 아직 알지 못한다. 현재 가장 유력한 설은 메탄 하이드레이트(Methane hydrate)의 영향을 포함시킨 시나리오다.

메탄 하이드레이트는 해저에 퇴적된 플랑크톤 등의 시체가 분해되면서 발생한 메탄가스가 해저에서 얼어붙은 것이다. 메탄가스에는 이산화탄소의 20배나 되는 온실 효과가 있다. 그래서 메탄가스가 어떤 원인으로 바닷속에 녹아들었다가 대기 중에 방출되면 급격한 온난화를 초래한다.

급격한 온난화로 물의 순환이 활발해짐에 따라 대륙의 풍화와 침식이 촉진되어 대량의 이온이 바다로 들어가면 이산화탄소는 석회암화되어 해저에 고정된다. 그러면 대기 중의 이산화탄소 농도가 저하된다.

그러다 이윽고 메탄 하이드레이트가 바닥을 드러내고 방출된 메탄가스도 분해되어 사라지면 대기 중의 이산화탄소와 메탄가스 농도가 현저히 낮아져 지구는 단숨에 한랭화된다. 그리고 수십만 년에 걸쳐 대지를 뒤덮은 얼음이 극지에서 위도 30도 부근까지 확대되면 태양열의 대부분이 얼음에 반사되기 때문에 그 뒤로는 전 지구가 얼어붙기까지 수백 년이 걸리지 않았을 것으로 추측된다.

지구는 동결 상태에서 어떻게 탈출했을까

전 지구가 동결되었을 때의 평균 기온은 -40℃(적도 부근은 -35℃, 극 부근은 -50℃)다. 이런 극한의 환경에서도 지구상의 물이 모조리 얼어붙은 것은 아니며, 해빙 아래나 화산 지대 부근에는 동결되지 않은 물이 남아 있었다. 생물들은 이런 오아시스라고도 할 수 있는 장소에서 끈질기게 생명을 이어나갔을 것이다. 다만 생물이라고 해도 휴로니안 빙기 때는 박테리아나 세균 같은 것이었으며, 스타티안 빙기와 마리노안 빙기 때도 주로 단세포 생물이었다.

그렇다면 지구는 전 지구 동결이라는 위기에서 어떻게 탈출했을까?

이산화탄소는 화산 가스의 형태로 항상 방출된다. 다만 일반적인 상태의 지구에서는 대륙 위의 암석이 풍화·침식되면서 대량의 이온이 하천을 통해 바다로 흘러 들어가 바닷물 속의 이산화탄소를 석회암으로 바꿔 해저에 고정시키기 때문에 대기 속의 이산화탄소가 지나치게 증가하지 않고 조정된다. 그런데 지구 전체가 얼음으로 덮여 있는 상태에서는 풍화·침식이 일어나지 않으므로 이산화탄소를 고정시키는 조정 활동이 중단되어 대기 속의 이산화탄소 농도가 계속 상승한다. 그리고 이산화탄소 농도가 현재의 400배(12%) 정도까지 상승했을 때 강력한 온실 효과로 얼음이 녹기 시작한다.

그 뒤 지구는 이번에는 평균 기온 50~60℃(적도 부근은 70℃, 극 부근은 30℃)라는 극단적인 온난기에 돌입한다. 그리고 수십만 년에서 수백만 년에 걸쳐 서서히 이산화탄소가 소비되면서 일반적인 온난기로 접어든다.

 재앙이 가져온 전화위복의 결과

스노볼 어스는 지구상의 생물에 놀라운 영향을 끼쳤다. 약 23억 년 전의 휴로니안 빙기 이전만 해도 생물은 산소 호흡을 하지 않는 '원핵세포'가 주를 이뤘는데, 전 지구 동결을 거치면서 산소 호흡을 하는 '진핵세포'가 등장했다. 또 6억 5,000만 년의 마리노안 빙기 이전에는 '단세포 생물'이 주역이었지만 전 지구 동결을 거치며 종류가 다양하고 크기도 대형인 '다세포 생물'이 출현했다.

요컨대 스노볼 어스가 생물의 진화를 촉진한 셈이다. 그 이유 중 하나로 추측되는 것이 '병목 효과'다. 전 지구 동결이 일어나면 생물들은 괴멸적인 타격을 입고 크게 감소한다. 이른바 대량멸종이다. 그러면 안정된 상태였던 생태계에 빈 곳이 생기며 새로운 유전 정보를 가진 생물이 증식할 가능성이 높아진다. 생물의 개체수가 일단 급감한 뒤에 다시 증가하기 시작하기 때문에 병의 목 부분에 비유해 병목 효과라고 부른다.

또 한 가지는 영양 에너지의 대량 공급이다. 전 지구 동결 때도 얼어붙은 바닷속에서는 해저 화산이 활동하고 있으며, 그 화산 활동이 생물의 영양분이 되는 물질을 꾸준히 바다에 축적시켰다. 전 지구 동결에서 벗어난 직후의 지구는 온난하고 이산화탄소의 농도가 높으며 영양도 풍부한, 즉 광합성 생물에게 최적의 환경이었던 것이다. 그래서 광합성 생물이 맹렬한 속도로 광합성을 한 결과 대기 중의 산소 농도는 급격히 상승해 현재의 12~22배나 되었다. 그리고 생물들은 그 고농도의 산소를 이용해 다양한 진화를 이룰 수 있었다.

만약 지구가 전 지구 동결을 거치지 않았다면 지구상의 생물은 아직도 박테리아에 머물렀을지도 모른다. 스노볼 어스는 생물들에게 단순한 재앙이 아니라 '전화위복'의 기회였던 셈이다.

Part 2

알고 있으면 재미있는 기상 이야기

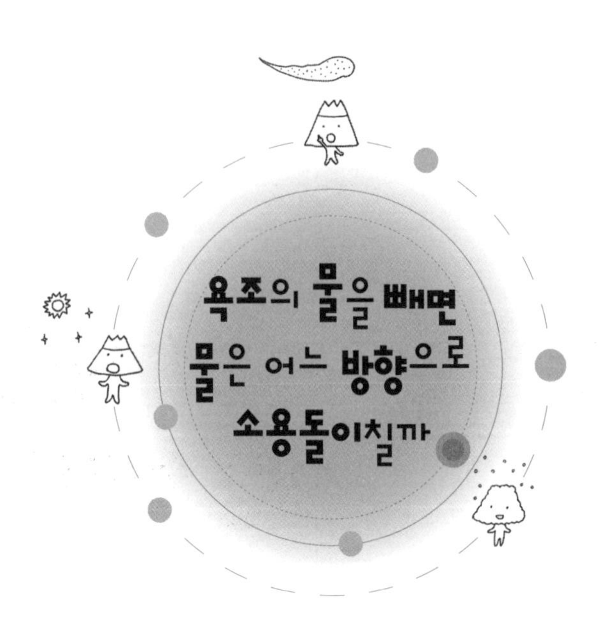

적도가 지나가는 마을에서 열린 '코리올리 실험 쇼'

'소용돌이'는 물이나 공기 등 액체 또는 기체가 어떤 점 주위를 팽이처럼 빙글빙글 도는 현상이다. 욕조의 마개를 뽑으면 배수구 주위에 소용돌이가 생긴다. 소용돌이가 생기는 이유는 물이 회전하기 때문이다. 속도가 다른 물의 흐름이 부딪히면 접촉한 면에서 물이 회전하기 시작해 소용돌이가 된다.

적도의 선(線)에 해당하는 지역인 적도직하(赤道直下)의 어느 마을에서 '코리올리 실험 쇼'라는 기묘한 이벤트가 열렸다. 이윽고 코리올리 해설자가 등장해 이렇게 말했다.

"이 장소는 적도가 지나가는 곳입니다. 적도를 사이에 두고 이쪽은 북반구, 저쪽은 남반구지요. 코리올리 힘에 따라 북반구와 남반구에서는 소용돌이의 방향이 반대가 됩니다. 다만 코리올리 힘은 적도에서 20m 이상 떨어져야 작용하지요."

코리올리 해설자는 바닥에 작은 구멍이 뚫린 그릇과 성냥개비를 꺼내더니 그릇의 구멍을 손가락으로 막고 물을 부었다. 그리고 물이 가득 차자 구멍을 막았던 손가락을 떼었다. 그러자 성냥개비가 소용돌이에 휘말려 회전하기 시작했다. 북반구에서는 반시계 방향으로, 남반구에서는 시계 방향으로 돌았다.

"여러분, 이것이 바로 코리올리 힘입니다!"

그의 목적은 쇼를 보여준 다음 구경꾼들에게 '적도 증명서'를 파는 것이었다. 그런데 이 '코리올리 실험 쇼'는 진실일까, 아니면 사기일까?

대체 '코리올리 힘'이란 무엇일까?

바람이 소용돌이치는 이유

일기예보를 들으면 저기압, 고기압이라는 말이 자주 나온다. 일기도에서는 '고'와 '저'라고 표시된다. 저기압은 주위보다 기압이 낮은 곳, 고기압은 반대로 주위보다 기압이 높은 곳을 가리킨다.

기압이 같은 지점을 연결한 선을 등압선이라고 하는데, 등압선의 분포 상황을 보면 기압이 높은 곳과 기압이 낮은 곳을 알 수 있다. 등압선은 보통 1,000hpa(헥토파스칼)을 기준으로 4hPa마다 긋는다. 등압선의 폭이 좁을수록 기압의 차이가 크며, 그 때문에 바람이 강하게 분다.

저기압의 경우 중심으로 갈수록 기압이 낮아진다. 바람은 기압이 높은 곳에서 낮은 곳을 향해 부니까 다른 영향이 없다면 등압선에 대해 수직 방향으로 불게 된다. 그런데 실제로는 그렇지 않다. 북반구에서는 저기압을 향해 북쪽에서 남쪽으로 곧바로 불어야 할 바람이 조금 서쪽으로 틀어진다. 그렇기 때문에 북반구에서는 저기압을 향해 부는 바람이 반시계 방향으로 소용돌이를 만든다. 반대로 남반구에서는 북쪽에서 남쪽 방향으로 불어야 할 바람이 조금 동쪽으로 틀어져 시계 방향의 소용돌이를 만든다. 태풍은 말하자면 거대한 저기압이어서, 기상 위성이 찍은 사진을 보면 북반구에서는 반시계 방향으로 소용돌이치는 것이 또렷하게 보인다.

이와 같이 저기압을 향해 부는 바람이 반시계 방향으로 소용돌이치는 이유는 타원형인 지구가 자전함에 따라 코리올리 힘이 작용하기 때문이다. 지구는 24시간에 걸쳐 한 바퀴를 자전한다. 적도의 둘레는 4만km이므로 적도에 있는 사람은 대략 시속 1,700km(=4만÷24)의 속도로 움직이고 있다는 계산이 나온다.

하지만 위도가 올라가면 어떻게 될까? 당연히 둘레가 짧아지므로 자전하는 속도 또한 감소하게 된다. 다시 말해 북반구에서 북극에 가까워질수록(남반구라면 남극에 가까워질수록) 자전에 따른 속도가 느려진다. 그러나 실제로는 대기도 함께 움직이기 때문에 지구상의 인간이 그 속도를 느끼는 일은 없다.

이 자전의 영향으로 물체에 작용하는 관성력을 '코리올리 힘'이라고 한다. 이 명칭은 이 현상을 처음 제시한 프랑스의 물리학

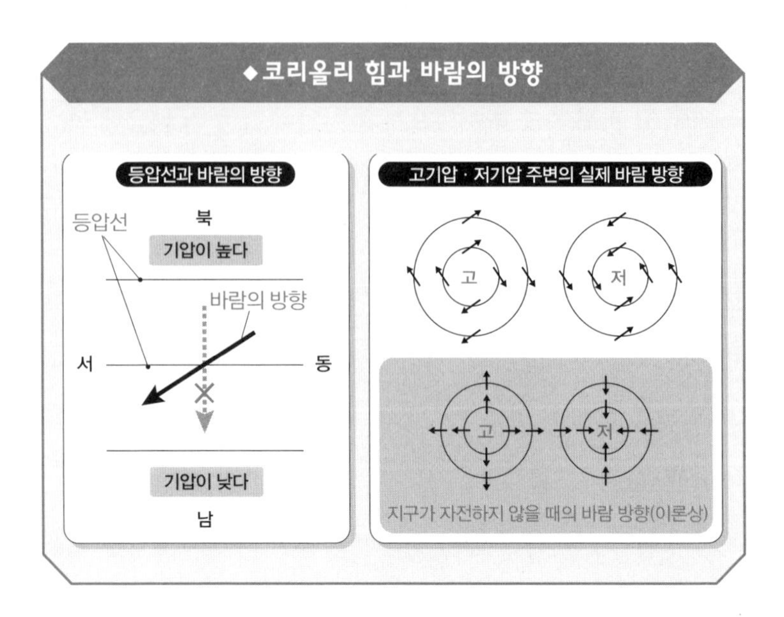

자 G. G. 코리올리(Gaspard-Gustave de Coriolis, 1792~1843)의 이름에서 따왔다.

코리올리 힘은 지구의 모양이 타원형이라는 것, 지구는 자전한다는 것 이 두 가지 요소 때문에 생긴다. 쉽게 말해 지면의 회전 속도에 차이가 있기 때문에 바람의 방향에도 편차가 생기는 현상을 의미한다.

적도 부근에서는 햇볕이 강하게 내리쬐기 때문에 열로 데워진 공기가 상승해 기압이 낮아진다. 그러면 온대에서 그곳으로 바람이 부는데, 북반구의 경우 적도를 향해 남쪽으로 부는 바람은 코리올리 힘의 영향을 받아 서쪽으로 편향된다. 이것이 무역풍이다.

무역풍과 해류는 깊은 관계가 있다. 즉 코리올리 힘은 바람뿐만 아니라 해류에도 영향을 미친다.

'코리올리 실험 쇼'에 숨어 있는 속임수

북반구와 남반구에서 코리올리 힘의 영향을 받아 바람의 방향이나 물이 소용돌이치는 방향이 반대가 되는 것은 사실이다. 그렇다면 적도직하에서 열리는 '코리올리 실험 쇼'도 진짜일까?

문제는 적도로부터 20m 정도 떨어진 곳이 코리올리 힘의 영향을 어느 정도나 받느냐다. 코리올리 힘은 북극과 남극에서 최대가 되고 적도 위에서는 제로가 된다. 또 물체의 운동 시간이 길수록, 운동 거리가 멀수록 영향이 커진다.

'코리올리 실험 쇼'의 경우, 코리올리 힘이 영향을 주기에는 그릇이 너무 작으며 물의 속도도 너무 느리다. 그뿐만 아니라 적도로부터 20m 정도 떨어진 장소에 작용하는 코리올리 힘은 한없이 제로에 가깝다.

그렇다면 '코리올리 실험 쇼'에서는 어떻게 소용돌이를 만들었을까? 그 트릭은 매우 단순하다. 먼저 그릇에 세게 물을 부어서 원하는 회전을 만들어놓은 뒤에 물을 살살 따라 그릇을 더 채우는 것이다. 그러면 수면은 잔잔하지만 그 밑에서는 소용돌이 치는 상태가 된다. 이런 상태를 만들어놓은 다음에 구멍에서 손가락을 뗀 것이다.

그렇다면 북반구 지역 위도에서 이 실험을 해보자. 이때 '코리올리 실험 쇼'에 사용된 그릇보다 훨씬 큰 욕조의 배수구에서는 어떤 소용돌이가 생길까?

실제로 해보면 반시계 방향으로 도는 소용돌이와 시계 방향으로 도는 소용돌이를 모두 볼 수 있다. 만약 배수구가 욕조의 한가운데 있고 배수구 주위의 조건을 일정하게 만든 다음 물이 잔잔한 상태에서 마개를 뽑으면 자전의 영향을 받아 약간은 반시계 방향으로 돌지도 모른다.

그러나 그 경우에도 욕조의 마개를 뽑는 정도의 미미한 현상에 대한 코리올리 힘의 영향은 제로에 가깝다. 게다가 욕조의 배수구는 대체로 한가운데가 아니라 가장자리 근처에 있다. 또 욕조의 물이 잘 빠지도록 배수구를 향해 완만한 경사를 이루게 하거나 배수구 부분을 움푹 들어가게 만든 경우도 있다. 지구 자전의 영향도 조금은 받지만 욕조의 환경이나 설치 조건의 영향을 더 크게 받기 때문에 반시계 방향으로도 돌고 시계 방향으로도 도는 것이다.

그러고 보니
한국과
일본 부근의
태풍은 전부
반시계
방향이야~
살려줘~

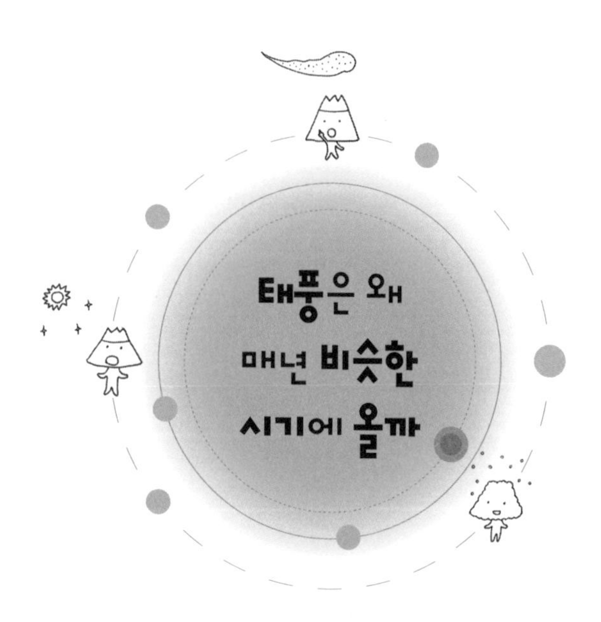

적도의 거대한 열대 저기압이 태풍의 어머니

한국과 중국, 일본 등 동북아시아까지 불어닥치는 태풍이 태어난 고향은 적도와 가까운 태평양 서부의 열대 해상이다. 그 부근에서는 강한 햇빛 때문에 물의 증발이 활발해 공기 속에 대량의 수증기가 들어 있다. 따뜻한 해면으로부터 수증기를 얻은 대기는 상승 기류를 만든다. 이 상승 기류가 원인이 되어 만들어지는 것이 열대 저기압이다.

열대 저기압은 이름 그대로 열대에서 발생하는 저기압이다. 열대 저기압의 상승 기류 속에서 수증기가 식어 구름을 만들 때

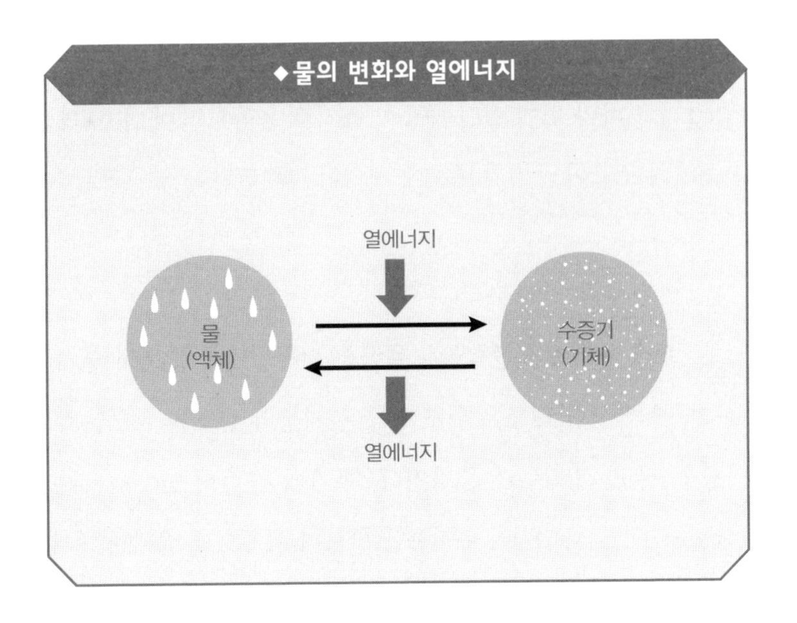

대량의 에너지를 방출한다. 잘 알다시피 액체인 물에 열에너지를 가하면 수증기가 되는데, 반대로 수증기가 액체인 물이 되면 열에너지를 방출한다. 그러면 열에너지의 영향으로 상승 기류가 더욱 발달하며, 그 결과 구름이 발달해 에너지를 방출한다. 이러한 상승효과로 중심의 기압이 점점 낮아져 거대한 열대 저기압으로 발달한다. 그리고 이렇게 발달한 열대 저기압의 중심 풍속이 초속 17.2m를 넘으면 태풍이라고 부르게 된다. 이렇게 해서 1년 동안 30~40개나 되는 태풍이 탄생한다.

북반구에서는 지구가 자전함에 따라 물체에 작용하는 관성력

(코리올리 힘)의 영향을 받아 태풍이 반시계 방향으로 소용돌이친다. 그리고 바다 위에 있던 태풍이 육지로 올라오면 에너지원인 수증기의 보급이 끊기기 때문에 세력이 약해진다.

태풍의 방향을 결정하는 무역풍, 태평양 고기압, 편서풍

갓 발생한 태풍은 위도가 낮은 지방의 상공을 흐르는 무역풍을 타고 서쪽으로 움직인다. 과거에 콜럼버스(Christopher Columbus, 1451~1506)는 이 무역풍을 받으며 서쪽으로 항해해 대서양을 건넜다. 서쪽으로 이동해 오키나와 제도 동쪽에 도달한 태풍은 그곳에서 태평양 고기압의 가장자리에 발생하는 기류를 타고 북상한다. 그리고 북상한 태풍은 한국과 일본 부근의 상공을 흐르는 편서풍(112~113쪽 참조)으로 갈아타고 북동쪽으로 이동해 한반도와 일본 열도에 접근하거나 상륙한다.

태평양 고기압이나 편서풍은 계절에 따라 세력이 바뀐다. 6월경부터 여름에 걸쳐서는 편서풍이 약해지고 태평양 고기압이 세력을 키우며 중국 대륙 쪽까지 확대된다. 그래서 태평양 고기압의 서쪽 가장자리를 따라 진행하는 태풍은 대부분 중국 대륙을 향한다. 그러다 더운 여름이 지나가면 태평양 고기압의 세력이 약해지고 편서풍이 점차 강해진다. 이렇게 되면 태풍의 진로

는 점점 북쪽을 향하며, 7~8월에는 한국을, 8~9월경에는 일본을 직격할 경우가 많아진다. 그리고 10월경에는 진로를 더욱 틀어 일본의 남쪽 해상을 통과하게 된다.

태풍 같은 폭풍우가 동북아시아에서만 발생하는 것은 아니다. 북대서양 남부에서 발생하는 폭풍우를 '허리케인'이라고 하며, 인도의 폭풍우나 오스트레일리아 동쪽을 강타하는 것은 '사이클론'이라고 부른다. 이것은 전부 태풍의 일종이다.

참고로 선박을 대상으로 한 일기예보 등에서 사용되는 '타이푼'은 풍속이 초속 33m 이상인 것으로 태풍의 정의와는 다르다(우리는 태풍과 태풍의 영어 표기인 타이푼의 용어를 구분하지 않으며, 다만 대형 선박의 경우 초속 33m 이상의 매우 강한 태풍일 때 운항을 정지한다-옮긴이).

태풍 진행 방향의 오른쪽을 주의하라

앞에서도 말했지만, 한국과 일본을 향해 오는 태풍의 소용돌이는 반시계 방향이다. 그렇기 때문에 태풍 진행 방향의 오른쪽에는 태풍을 진행시키는 바람과 태풍의 중심을 향해 부는 바람이 합쳐지면서 굉장히 강한 바람이 분다. 즉, 진행 방향의 오른쪽은 '위험 반원'이다.

반대로 태풍의 왼쪽은 태풍을 진행시키는 바람과 중심을 향해 부는 바람의 방향이 반대이므로 서로 상쇄되어 바람이 약해진다. 이것을 알아두면 태풍이 근접했을 때 자신이 있는 장소에 강한 바람이 불지 아닐지를 예상할 수 있다.

태풍의 계절이 되면 일기예보에서 '예보원(豫報圓, 태풍의 중심이 도달할 것으로 예상되는 범위를 점선으로 묶은 원)'을 볼 기회가 있을 것이다. 이 예보원을 보면 태풍이 진행함에 따라 원이 커지기 때문에 태풍이 점점 발달한다고 생각하는 사람도 있을지 모르는데, 이것은 오해다. 예보원은 태풍의 규모를 나타내는 것이 아니라 각각의 표시된 일시에 태풍의 중심이 위치할 확률이 70%인 범위를 나타낸 것이다. 또 '폭풍 경계 영역'은 태풍이 예보원 안에 있을 때 폭풍 영역(풍속 초속 25m 이상)에 들어갈 가능성이 있는 범위를 나타낸다.

이런 것들은 확률이므로 시간이 지남에 따라 불확정 요소가 커진다. 그래서 원이나 범위가 커질 수밖에 없다. 요컨대 예보원이나 폭풍 경계 영역이 커지는 이유는 태풍의 세력이 앞으로 더욱 커질 것이라고 예상해서가 아니라 '먼 미래일수록 태풍이 어디에 있을지 예상하기가 어려워서'인 것이다.

태풍의 세력이 강해질지 혹은 약해질지는 예보원에서 폭풍 경계 영역까지의 선의 폭을 보고 예상할 수 있다. 이 폭은 폭풍 영역의 반지름을 나타낸다. 이 폭이 넓으면 '폭풍 영역이 커진다' 즉 '태풍의 세력이 강해진다'라고 예측한 것이며, 반대로 폭이 좁으면 태풍이 약해져 폭풍 영역이 작아지리라고 예측한 것이다.

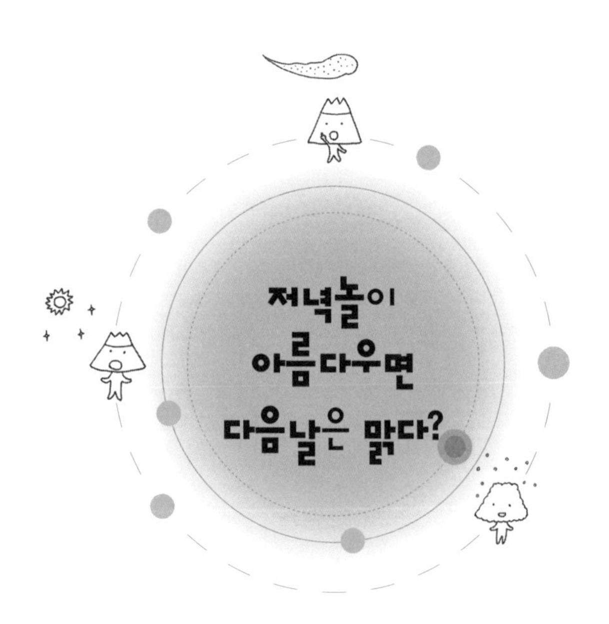

편서풍은 날씨를 변화시키는 중요한 요인

지구에는 계절과 상관없이 지표면이나 상공에서 항상 불고 있는 세 가지 바람이 있다. 하나는 적도 부근(저위도 지역)의 '무역풍'이고, 다른 하나는 극 근처(고위도 지역)의 '극풍(극편동풍)'이다. 그리고 마지막은 그 사이인 중위도 지역의 '편서풍'이다. 이 가운데 편서풍은 서쪽에서 동쪽으로 부는 바람이고, 다른 둘은 동쪽에서 서쪽으로 부는 바람이다.

편서풍은 적도 근처의 따뜻한 공기와 남극 또는 북극 근처의 차가운 공기의 온도 차이에 따라 발생한다. 적도 근처의 따뜻한

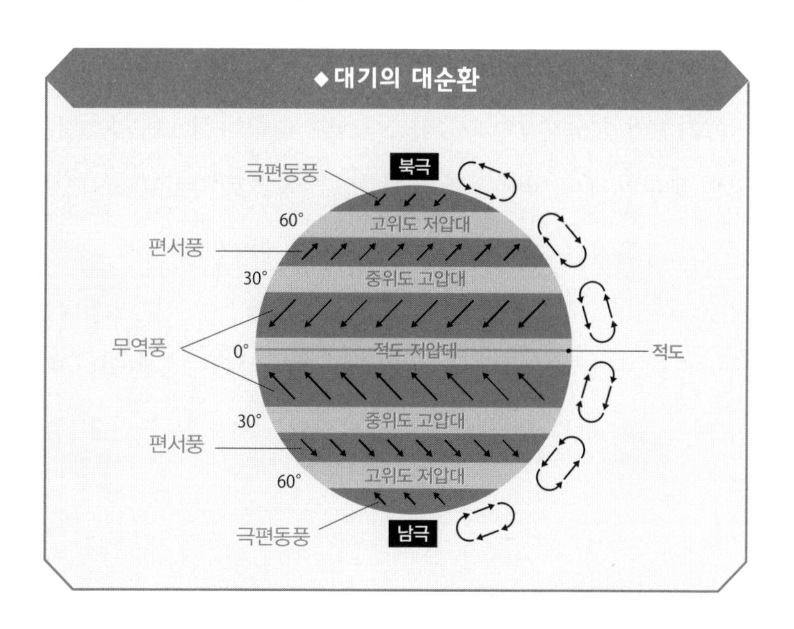

공기가 상승해 북극이나 남극을 향할 때 지구가 자전하면서 생기는 코리올리 힘의 영향으로 진로가 바뀌어 서쪽에서 동쪽으로 부는 것이다.

이 세 가지 바람은 전 세계에 걸쳐서 부는 거대한 규모의 바람이기 때문에 날씨에도 커다란 영향을 끼친다. 한국과 일본 부근은 편서풍이 부는 지역이므로 날씨가 서쪽에서부터 변화한다. 중국의 황사나 미세먼지도 이 편서풍을 타고 한반도에 영향을 미친다. 또한 일기예보에서 "날씨가 서쪽에서부터 나빠지겠습니다"라든가 "날씨가 서쪽에서부터 회복되겠습니다"라는 말을 들어본 사람도 있을 것이다.

고기압이나 저기압이 이동하는 속도는 하루에 약 1,000km다. 가령 도쿄의 내일 날씨를 알고 싶다면 서쪽으로 약 1,000km 떨어진 후쿠오카의 오늘 날씨를 보면 된다(우리의 경우 서울의 내일 날씨는 중국 산둥성 지난濟南의 오늘 날씨를 보면 된다-옮긴이). 기상도를 연속적으로 보면 고기압이나 저기압의 모양이 바뀌는 일은 있더라도 예외 없이 서쪽에서 동쪽으로 움직인다는 것을 알 수 있다.

비행기를 타면 편서풍을 실감할 수 있다

편서풍은 겨울에 강해지고 여름에 약해진다. 대류권 상층 8~16km 부근에서 볼 수 있으며, 고도가 상승할수록 풍속이 강해져 대류권과 성층권의 경계 부근에서 가장 빨라진다. 이 바람을 '제트 기류'라고 하는데, 풍속이 초속 100m가 넘을 때도 있을 정도다.

비행기를 타면 편서풍의 존재를 실감할 수 있다. 비행기는 비행의 가장 큰 방해요인인 공기 저항을 피해 가급적 공기가 옅은 층을 골라서 비행하는데, 그럴 수 없을 때 편서풍 같은 바람을 타고 비행하는 경우와 거스르며 비행하는 경우 어떤 영향을 받을까? 예를 들어 일본 나리타 공항에서 출발해 태평양을 건너

뉴욕의 JFK공항으로 갈 때는 동쪽으로 부는 편서풍을 타고 비행하는데, 이때의 비행시간은 대략 12시간 15분이다. 한편 같은 경로를 이용해 뉴욕에서 나리타 공항으로 돌아올 때는 편서풍을 맞받으며 비행하기 때문에 대략 14시간이 걸린다(인천 공항에서 뉴욕까지는 13시간, 뉴욕에서 인천 공항까지는 14시간 30분 걸린다-옮긴이). 거리와 경로가 같은데도 갈 때와 올 때의 비행시간이 1시간 45분이나 차이가 나는 것이다. 물론 비행기의 비행 코스는 그날그날에 따라 다르고 편서풍도 속도와 부는 장소도 달라지지만, 그래도 편서풍의 영향은 적지 않다.

저녁노을은 어떻게 생길까

하늘의 색깔, 구름의 모양, 바람의 방향 등 자연 현상이나 생물의 행동 등으로부터 날씨를 예측하고 그렇게 되기 위한 조건과 근거를 말한 것을 이른바 '관천망기(觀天望氣)'라고 한다. '날씨 속담'에는 이 관천망기에 의한 것이 많은데 그중 하나로 '저녁노을이 보이면 다음날은 맑다'라는 말이 있다. 저녁에 서쪽 하늘이 맑아서 저녁노을이 보이면 그곳은 다음날 맑을 가능성이 높다는 뜻이다.

그런데 저녁노을은 어떻게 해서 생기는 것일까?

한낮의 하늘은 붉지 않지만 저녁이 되면 점점 붉어진다. 이것은 태양빛이 통과하는 대기층의 두께, 그리고 대기에 떠 있는 먼지의 양과 깊은 관계가 있다. 우리에게 도달하는 태양빛은 낮에는 약 500km의 대기층을 통과한다. 그런데 저녁의 태양빛은 한낮보다 몇 배는 두꺼운 대기층을 통과하게 된다. 그렇게 되면 태양빛 중에서 푸른색에 가까운 색의 빛은 대기의 분자나 먼지에 산란되고 잘 산란되지 않는 붉은색이나 붉은색에 가까운 색의 빛이 강조되어 하늘을 붉게 물들인다. 이것이 저녁노을이 만들어지는 원리다.

저녁노을이 선명하게 보인다는 것은 서쪽에 있는 석양빛이 먼지를 잔뜩 머금고 있는 두꺼운 대기층을 뚫고 퍼져나와 멀리 있는 사람에게까지 도달한다는 의미다. 그렇다면 그 장소의 서쪽 상공은 구름 없이 맑다는 뜻이 된다. 그리고 앞에서도 말했듯이 날씨는 서쪽에서 동쪽으로 변한다. 그래서 '저녁노을이 보이면 다음날은 맑음'인 것이다.

참고로 '저녁노을이 보이면 다음날은 맑음'이 맞는지 틀리는지 실제로 조사한 결과, 4월부터 11월까지는 평균 70% 정도의 비율로 맞았다고 한다. 다만 여름과 겨울에는 대륙이나 해양에 세력이 강한 고기압이 자리잡기 때문에 적중률이 떨어진다. 특히 겨울에는 거의 맞지 않는다.

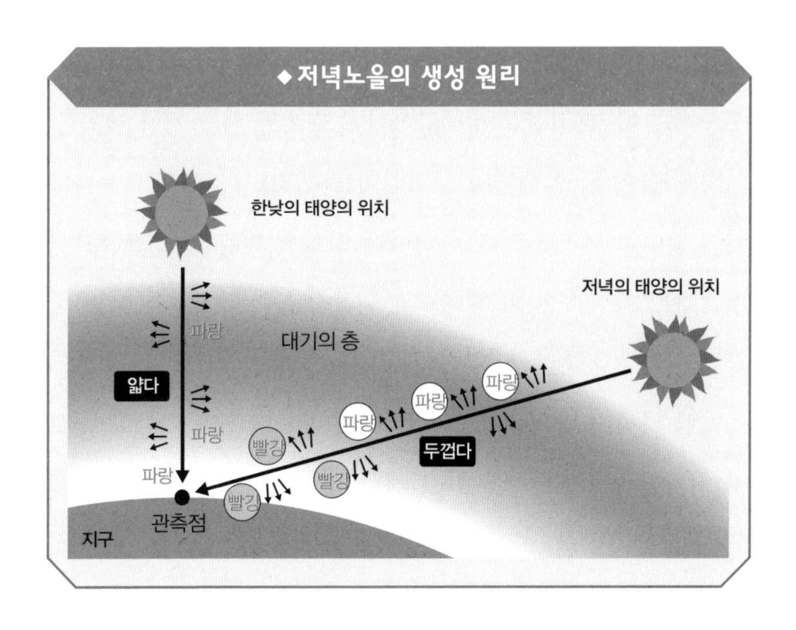

가을의 날씨는 변화무쌍하다

가을에는 맑은 날이 일주일 이상 계속되는 경우가 좀처럼 없다. 하루 이틀 정도 날씨가 좋았다가도 비가 오기를 반복한다. 한편 여름에는 때때로 천둥 번개를 동반한 비가 내리는 경우를 제외하면 맑은 날이 이어지며, 겨울에는 이동성 고기압의 영향으로 맑고 건조한 날씨가 계속되고 동해 방면의 경우 눈이 계속 내리는 식으로 비교적 같은 날씨가 이어진다.

그렇다면 왜 가을 날씨는 자주 바뀌는 것일까? 그 이유는 저기압이 지나가는 길이 계절에 따라 남북으로 오르내리기 때문이다. 여름에는 태평양 고기압에 뒤덮이기 때문에 저기압이 찾아오지 않는다. 저기압은 시베리아나 오호츠크 해를 지나간다. 그러다 가을이 되면 태평양 고기압이 약해지면서 저기압이 지나가는 길이 일본 열도까지 남하한다. 그래서 일본 열도 상공으로 저기압이 지나가면 비가 내리고 이동성 고기압이 지나가면 화창한 변화무쌍한 날씨가 되는 것이다.

한편 날씨가 변화무쌍한 것은 봄도 마찬가지다. 가을과 똑같이 저기압과 고기압이 교대로 지나가기 때문이다. 봄이나 가을에 모처럼의 주말마다 비가 내려서 짜증이 났던 경험이 있을 것이다. 저기압은 사흘이나 나흘 간격으로 지나갈 때가 많기 때문에 일단 일요일에 비가 내리면 다음 주에도, 또 그 다음 주에도 일요일에 비가 내리는 경우가 생긴다.

덥거나 추운 날씨의 변화도 역시 주기적으로 찾아온다. 저기압이 오기 전에는 남풍이 불어서 기온이 올라가지만 지나가면 북풍으로 바뀌면서 추워진다. 이 시기에는 더워졌다 추워졌다 하기 때문에 감기에 걸리기 쉬워서 입고나갈 옷을 고를 때도 고민이 많아진다. 찬바람이 매섭게 불어서 이제 겨울인가 싶다가도 다시 날이 따뜻해지는 등 추워졌다 더워졌다를 반복하면서 겨울을 향해 나아간다.

태양의
위치에 따라
빛의 색이
다르게
보인다니
신기해!

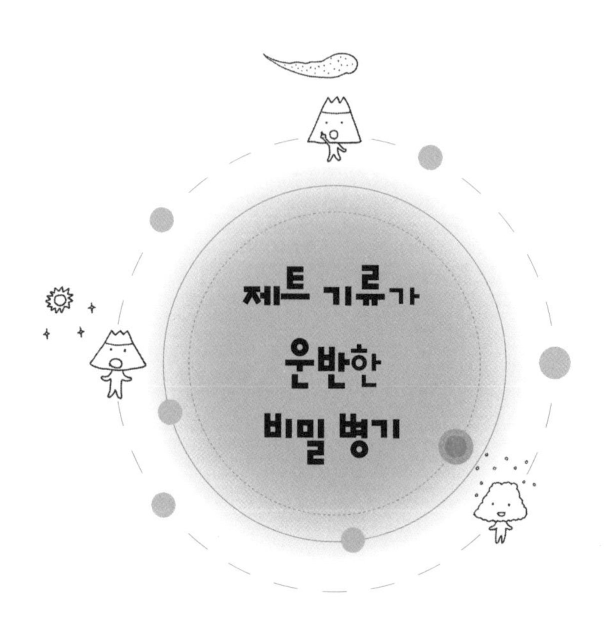

편서풍을 이용한 풍선 폭탄 작전

제2차 세계대전 당시 패색이 짙어가던 일본군이 채용한 전술 중에 '풍선 폭탄'이 있다. 폭탄을 매단 기구(풍선)가 제트 기류(편서풍의 흐름)를 타고 날아가도록 하늘에 띄워서 미국 본토를 공격한다는 전술이었다. '풍선 폭탄'은 미국 국내의 혼란을 노린 일본군의 비밀 병기였다. 일본군은 1944년 가을부터 1945년 봄에 걸쳐 약 9,000개의 풍선 폭탄을 날려 보냈는데, 이 가운데 수백 개가 미국 본토에 도착한 것으로 추측되고 있다.

당시에도 사람들은 가을부터 겨울에 걸쳐 일본 상공에 강한

◆당시 관측된 태평양 상공의 겨울 편서풍(제트 기류)

서풍이 분다는 사실을 알고 있었다. 일본에는 현재의 쓰쿠바 시에 해당하는 장소에 고층 기상대가 있었는데, 기상대 대장이었던 오이시 와사부로(大石和三郎, 1874~195) 등은 군부의 요청을 받아 밤낮으로 상공의 대기 흐름을 연구했다. 그 결과 겨울철에 위의 그림과 같이 일본 상공에서 북아메리카 대륙 상공을 향해 두 가지 경로로 시속 200km가 넘는 서풍이 분다는 사실을 확인했다. 그리고 이 서풍을 이용해 풍선 폭탄을 날려 미국 본토를 공격한다는 암호명 '후호(ふ号) 작전'이 계획되었다.

지금도 일본의 이바라키 현 기타이바라키 시 오쓰마치 이즈라의 해안에는 풍선 폭탄 방류지임을 알리는 비가 세워져 있다. 그리고 그 비에는 풍선 폭탄이 어떤 병기였는지 자세히 적혀 있다.

이 지역 일대는 1944년 11월부터 1950년 4월 사이에 미국 본토를 향해 풍선 폭탄을 방류한 장소입니다.
뒤쪽에 위치한 낮은 언덕과 언덕 사이, 현재는 논으로 복원된 습지 몇 곳에 기구 방류대와 병영, 창고, 수소 탱크 등이 설치되어 있었습니다.
이 극비 작전은 '후호 작전'으로 불렸으며, 방류지는 이곳 외에 후쿠시마 현 나코소노세키 기슭과 지바 현 이치노미야 해안까지 모두 세 곳이 있었지만 대본영 직속의 부대 본부가 있었던 이곳이 작전의 중심이었습니다.
늦가을부터 겨울에는 태평양 상공 8,000m부터 1만 2,000m의 성층권에 최대 초속 70m의 편서풍이 붑니다. 이른바 제트 기류입니다.
풍선 폭탄은 50시간 전후를 비행해 미국에 도착합니다. 전통 종이와 곤약 풀로 만든 지름 10m의 기구는 정밀한 전기 장치로 폭탄과 소이탄을 투하한 뒤에 자동으로 불타 없어지도록 만들어졌습니다.

제2차 세계대전 중에 일본 본토에서 1만km 떨어진 미합중국으로 초장거리 폭격을 실행한 것은 이것뿐이며, 세계사적으로도 드문 사실로 기록되어 있습니다.
약 9,000개를 방류해 30개 전후가 도달했습니다.
미국 측의 피해는 미미했지만, 산불을 일으키기도 하고 송전선을 고장 내 원자폭탄 제조를 사흘 늦추는 일도 있었음이 나중에 알려졌습니다.
오리건 주에는 풍선 폭탄에 목숨을 잃은 피해자 6인의 추모비가 세워져 있습니다. 워싱턴의 박물관에는 불발되어 낙하한 풍선 한 개가 지금도 전시되어 깊은 관심을 받고 있습니다.
그러나 전쟁은 허무하고 덧없는 것입니다. 두 번 다시 반복되지 않도록 노력해야 합니다.
이 땅에서 풍선 폭탄 공격을 실시한 날에 폭발 사고로 세 명이 전사했다는 사실도 덧붙입니다.

1984년 11월 25일 세움

기구의 구피(球皮)는 닥나무로 만든 전통 종이를 곤약을 원료로 만든 풀로 다섯 장씩 겹쳐 붙여서 만들었다. 가장 힘들고 손이 많이 가며 치밀함이 요구되는 종이 붙이기 작업에는 여성들이 동원되었다.

당시는 곤약이 식용으로 배급되지 않았기 때문에 요리에 넣어 서 먹는 것은 꿈도 꿀 수 없었다고 한다.

오래 비행하기 위해 필요한 것

다만, 편서풍이 확인되었다고 해서 기구에 수소를 넣고 폭탄을 매달아 공중에 띄우기만 하면 풍선이 무사히 미국에 도착하는 것은 아니다. 기구를 멀리까지 확실히 날리려면 밤 사이의 찬 공기를 어떻게 극복하느냐가 중요했다. 밤이 되면 상공은 기온이 낮아져 기구가 수축되기 때문에 부력이 줄어든다. 수소도 조금씩 새어나간다.

그래서 풍선 폭탄에는 부력이 줄어들면 자동으로 무게 추를 떨어트려서 고도를 유지하는 장치가 달렸다. 기압계가 기압 변화를 감지하면 톱니바퀴가 한 칸씩 움직이고, 일정 고도 이하로 떨어지면(기압이 올라간다) 전기 스위치가 작동해 모래가 든 추(모래 밸러스트)의 끈을 태워서 떨어트리는 방식이다.

미국이 가장 두려워한 일은 풍선 폭탄이 전염성 세균을 퍼트리는 것이었다. 그래서 지질학자에게 무게 추에 사용된 모래의 분석을 의뢰했다. 의뢰를 받은 지질학자는 모래에 들어 있는 철

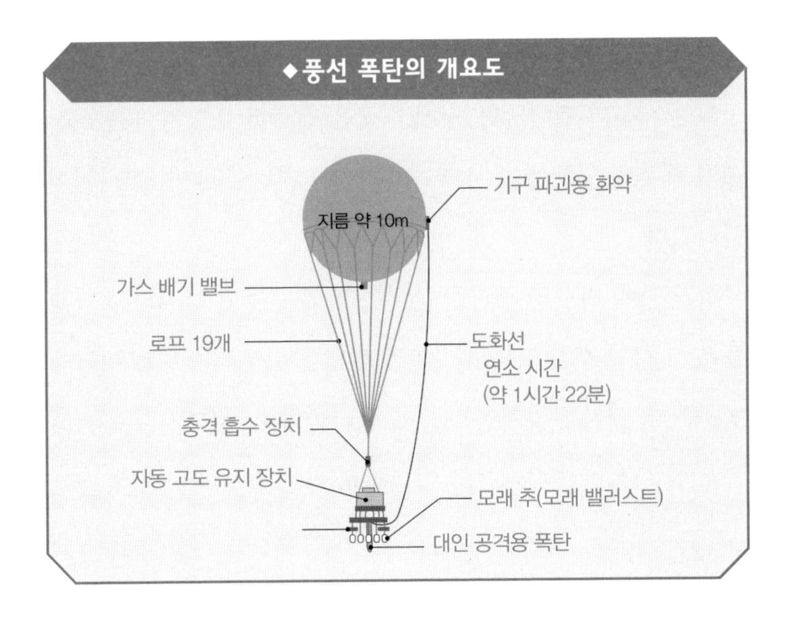

광석의 비율을 바탕으로 모래를 채취한 지역을 일본의 다섯 곳으로 압축했고, 미군은 이 결과를 바탕으로 정찰기를 띄워서 마침내 방류지를 찾아냈다. 이렇게 해서 전쟁 말기에는 대부분의 풍선 폭탄이 상승 도중에 미군의 전투기에 격추되었다.

풍선 폭탄이 남긴 평화와 용서의 메시지

전쟁이 끝난 직후, 미국 오리건 주에서 숲으로 소풍을 간 목사 부인과 주일학교의 아이들 다섯 명이 나무에 걸려 있던 불발된 풍선 폭탄을 건드렸다가 폭탄이 폭발하는 바람에 모두 사망하는 사고가 일어났다. 당시 미국은 철저한 보도 통제를 실시했기 때문에 일본에는 사고 후 몇 년이 지난 뒤에야 그 사건이 알려졌다.

전쟁 중에 기구의 구피를 붙이는 작업을 했던 당시의 여학생들은 그 사고 소식을 듣고 고인들의 넋을 위로하기 위해 미국을 방문했다. 현지를 찾아온 그들에게 미국의 유족은 "서로 용서하는 것이 평화로 이어지는 길이겠지요"라고 말했다고 한다.

우리는 대기권의 바닥에 있다

지구는 기체의 층에 완전히 뒤덮여 있는 행성이다. '대기(大氣)'라고 하는 이 기체의 층은 지구에서 500km가 넘는 상공에 걸쳐 있는데, 우리는 우주 공간과의 경계를 편의적으로 고도 80km에서 120km 부근으로 설정하고 지상으로부터 그 범위까지를 '대기권'이라고 부른다. 대기는 고도가 높아질수록 옅어진다.

그런데 사실은 이 대기(공기)에도 무게(질량)가 있다. 가로 세로 1cm의 지면 위에 실려 있는 공기의 무게는 거의 1kg(정확히 1,033.6g)이다. 비유를 들면 한쪽 손바닥(손바닥 넓이를 10×10cm라고 할 때)에 약 100kg의 물건을 올려놓은 것과 같은 무게다. 몸무게가 50kg인 사람 두 명이 여러분의 손바닥에 올라가 있다고 상상해보면 공기가 의외로 무겁다는 사실에 놀랄 것이다.

대기를 실은 면은 대기로부터 압력을 받는다. 이것을 '대기압'이라고 부르며, 우리가 사는 높이 0m의 대기압의 평균이 1기압이다. 정식으로는 파스칼(Pa)이라는 단위를 사용해 압력을 나타낸다. 1기압은 10만 1,300Pa인데, 이대로는 단위가 너무 크니까 헥토파스칼(hPa)로 환산하면 1hPa=100Pa이므로 1기압=1,013hPa이 된다. 일기예보를 보면 자주 듣게 되는 단위다.

참고로 대기압은 위에서만 작용하는 힘이 아니다. 옆에서도 작용하고 아래에서도 작용한다.

페트병 찌그러뜨리기 실험

만약 주변에 빈 페트병이 있으면 다음의 실험을 해보기 바란다. 페트병에 뜨거운 물을 붓고 조금 기다린 후 뚜껑을 꽉 닫는다. 그런 다음 수돗물로 페트병 전체를 식히면 페트병은 어떻게 될까?

갑자기 '빠직' 하고 큰 소리를 내며 찌그러질 것이다.

페트병이 찌그러진 원리는 다음과 같다. 뜨거운 물을 붓고 조

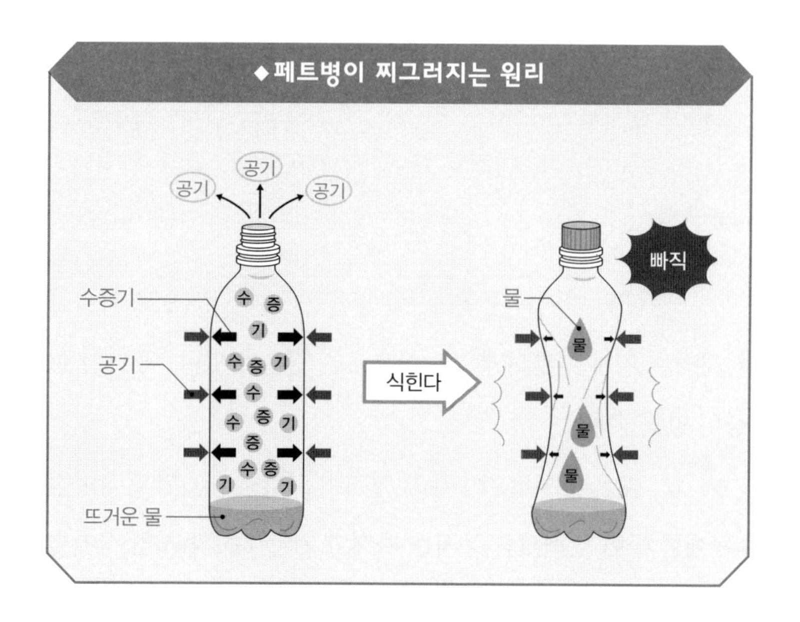

금 기다리면 페트병 속은 원래 있었던 공기가 밀려나고 활발히 움직이는 물 분자(수증기)로 가득 차게 되게 된다. 그런 다음 뚜껑을 닫고 식히면 페트병 내에 충만했던 수증기가 다시 물이 된다. 그러면 페트병 속의 기압이 내려가기 때문에 외부에서 작용하는 대기압의 힘에 찌그러지는 것이다.

크고 튼튼한 드럼통이라고 해도 결과는 같다. 드럼통 속에 물을 넣고 가열해서 수증기가 드럼통 속의 공기를 내쫓게 한 다음 밀폐시키고 식히면 드럼통도 찌그러진다.

인간이 대기압에 찌부러지지 않는 이유는 몸의 내부에서 작용하는 압력과 대기압이 균형을 이루기 때문이다.

고도와 대기압은 어떤 관계일까

등산을 하거나 높은 곳에 올라갔을 때 간식으로 가져간 과자의 봉지가 팽팽하게 부풀어오르는 경우가 있다. 왜 그런 현상이 일어날까?

대기는 높은 곳으로 갈수록 엷어지며 그만큼 대기압도 작아진다. 예를 들어 밀폐시킨 봉지를 가지고 기압 1,013hPa인 산기슭에서 높은 곳으로 올라가면 봉지 속의 기압은 여전히 1,013hPa인 상태에서 봉지 바깥의 기압만 점점 작아진다. 이렇게 해서 기압의 차이가 발생한 결과 봉지 속의 공기가 부풀어오르는 것이다.

대기압이 작아지면 물이 끓는 온도(끓는점)도 낮아진다. 물은 1기압인 곳에서는 100℃에 끓지만 해발 1,950m인 한라산에서는 90℃에, 해발 3,776m인 후지산 정상에서는 약 87℃에 끓는다. 그리고 에베레스트 정상에서는 약 71℃에 끓는다. 그래서 3,000m가 넘는 고지에 사는 사람들은 요리를 할 때 압력솥을 사용한다. 평범한 솥은 고온으로 조리할 수가 없어 음식이 설익기 때문이다.

우리가 살아가는 데 필요한 공기는 대류권과 성층권의 기체

대기권은 어떤 구조로 되어 있을까?

가장 지면과 가까운 대기의 층을 대류권(지상으로부터 10km 정도까지), 그 위를 성층권(지상으로부터 약 10~50km)이라고 부른다. 대류권과 성층권의 위에는 중간권(지상으로부터 약 50km 이상으로, 높이 올라갈수록 온도가 낮아진다)과 열권(지상으로부터 80km 이상으로, 높이 올라갈수록 온도가 높아진다. 오로라와 전리층이 있다)이 있다.

우리가 살아가는 데 없어서는 안 될 공기는 지상으로부터 약 50km까지의 대류권과 성층권에 있는 기체다. 공기 중에서 수증기를 제외한 건조 공기는 질소 약 78%, 산소 약 21%, 아르곤과 기타 기체(이산화탄소 등) 약 1%로 구성되어 있다.

이 가운데 대류권에는 대기 전체량의 약 80%가 존재한다. 대류란 따뜻해져서 가벼워진 공기는 위로 올라가고 식어서 무거워진 공기는 아래로 내려가는 움직임을 말한다. 따라서 대류권에서는 위아래의 공기가 교체되는 대류가 발생하기 때문에 위아래의 공기가 잘 뒤섞인다. 날씨의 변화도 공기의 대류가 일어나는 대류권에서 발생한다.

지상으로부터 10km까지라는 대류권의 높이는 에베레스트의 정상보다 조금 높은 정도다. 지구의 지름은 약 1만 3,000km다. 지구를 1,000만분의 1의 크기로 줄이면 지름이 130cm인 공이

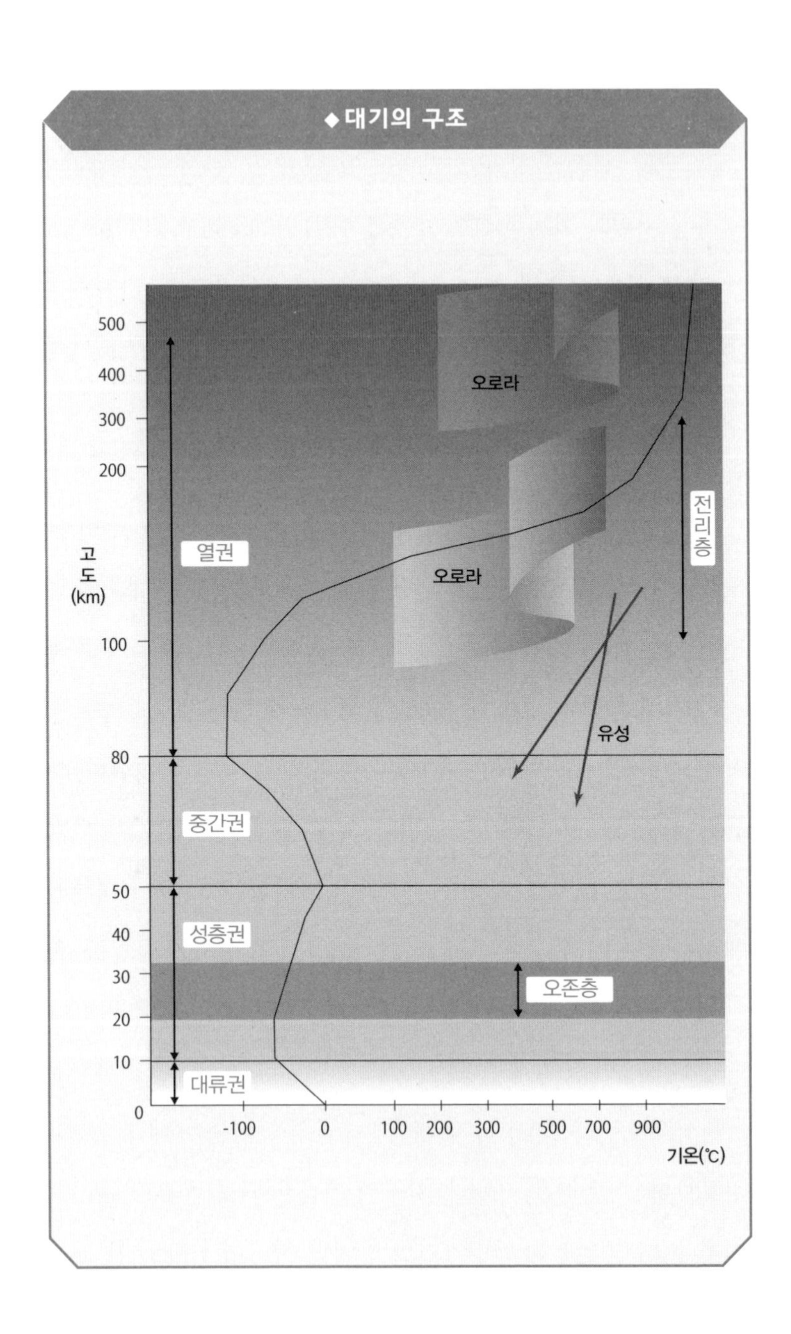
◆대기의 구조
500
400
300
200
100
80
50
40
30
20
10
0
고도(km)
열권
중간권
성층권
대류권
오로라
오로라
전리층
유성
오존층
-100
0
100
200
300
500
700
900
기온(℃)

되는데, 이때 대류권의 두께는 불과 1.1mm다.

대류권 위에 있는 성층권에서는 공기가 잘 뒤섞이지 않기 때문에 날씨의 변화도 잘 일어나지 않는다. 해로운 자외선을 흡수하는 역할을 하는 오존층도 성층권의 일부다. 대류권과 성층권에서는 높이 올라갈수록 공기가 희박해지지만, 공기에 들어 있는 기체의 비율은 거의 같다.

투명한 대기는 태양 광선을 흡수하지 않는다

"높이 올라가면 해님하고 가까워지는데 왜 추운 거야?"

어린 아이가 이런 질문을 하면 뭐라고 대답하겠는가?

예를 들어 고원은 피서지로 이용될 때도 많으며 서늘하다는 이미지가 있다. 또 높은 산의 정상에는 봄에도 눈이 남아 있다. 사실 높은 곳은 이미지만 그런 것이 아니라 실제로 춥다. 지상보다 1,000m 높은 곳에 가면 기온은 약 6.5℃ 낮아진다는 사실이 밝혀졌다. 여객기가 비행하는 1만m 상공의 기온은 대략 -50℃다. 다른 영향도 있으므로 완전히 일치하지는 않지만 대체로 이 정도의 기온이 된다.

그렇다면 왜 높이 올라갈수록 추워지는 것일까?

기온은 요컨대 대기의 온도다. 그러므로 핵심은 어떻게 해야 대기가 따뜻해지느냐에 있다. 태양 광선은 잘 흡수될수록 그 물질을 따뜻하게 데우는 성질이 있다.

예를 들어 겨울옷을 고를 때 흰 옷과 검은 옷 중에 무엇을 고르겠는가? 디자인이나 취향이 아니라 기능성만을 따진다면 검은 옷을 선택하기 바란다. 검은색이 태양 광선을 더 잘 흡수해 따뜻하게 데워주기 때문이다. 그런 이유도 있어서인지 겨울옷은 검은색 계통이 많다.

한편 흰 옷은 태양 광선을 잘 반사하기 때문에 여름에 적합하다. 햇빛이 강한 사막 지역에서는 전통적으로 온몸을 휘감는 하얀 천을 사용한다. 언뜻 더워 보이지만, 하얀 천으로 몸을 덮어 따가운 햇빛을 반사하는 편이 오히려 몸을 시원하게 유지해준다. 이와 같이 태양 광선을 흡수하는 양과 따뜻해지는 정도는 상관관계가 있다.

대기는 투명하기 때문에 태양 광선을 흡수하지 않는다. 그래서 지구를 향해 방사된 태양 광선은 대기를 통과해 지표면에 도달한 뒤 흡수되어 지표면을 데운다. 그리고 이렇게 해서 따뜻해진 지표면이 대기를 따뜻하게 하는 열원이 된다. 그렇기 때문에 열원인 지표면 근처가 가장 따뜻하고 높은 곳으로 갈수록 열원에서 멀리 떨어져 추운 것이다.

따뜻한 공기가 상공을 데우지 않는 까닭

여기서 한 가지 의문이 남는다. 열기구를 보면 알 수 있듯이 따뜻한 공기는 가볍기 때문에 상승한다. 난로를 설치한 방은 따뜻한 공기가 점점 위로 향하기 때문에 천장 근처가 가장 따뜻해진다. 이와 마찬가지로 따뜻해진 공기가 하늘 위로 올라가 상

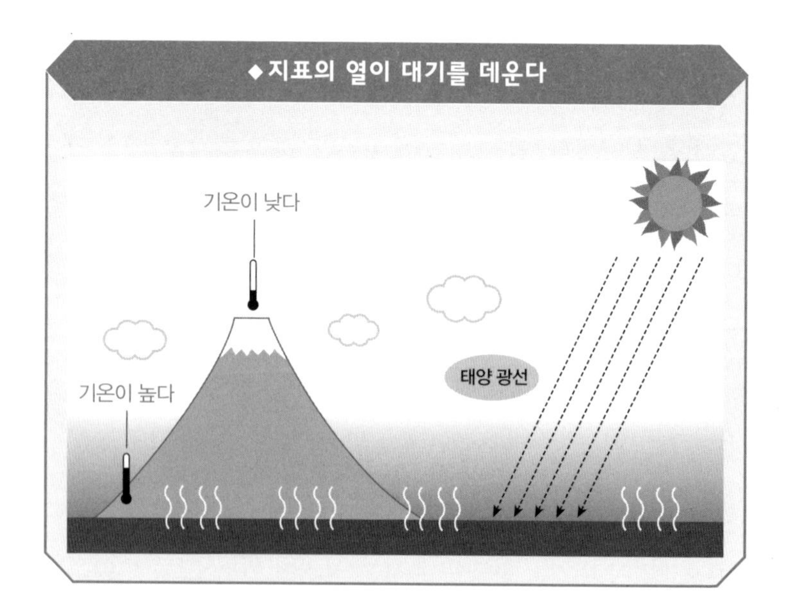

공을 데워야 하지 않을까?

분명히 지상 부근에서 따뜻해진 공기는 가벼워져서 상승한다. 그러나 상공에는 공기가 희박하기 때문에 상승한 공기가 팽창한다(단열 팽창이라고 한다). 공기는 따뜻해지면 팽창하는 성질이 있는데, 단열 팽창처럼 따뜻해지지 않았음에도 팽창하면 반대로 차가워진다(단열 냉각이라고 한다).

요컨대 지표의 따뜻한 공기는 분명히 상승하지만 상승한 공기가 팽창하면서 식어버리기 때문에 하늘의 기온은 높아지지 않는 것이다.

기상 변화는 대류권에서만 일어나는 현상

그렇다면 상공은 높이 올라갈수록 추울까?

약 30km 상공 부근에는 오존의 농도가 높은 오존층이 있어서 태양으로부터 오는 자외선을 흡수하고 있다. 자외선도 태양 광선의 일종이므로 이것을 흡수한 오존층은 따뜻해져서 기온을 상승시킨다. 이 때문에 약 10km 상공의 -50℃를 경계로 그 위로 올라갈수록 기온이 높아지며, 약 50km 상공에서는 0℃에 이른다.

오존층 부근은 하층에 차갑고 무거운 공기가, 상층에 따뜻하고 가벼운 공기가 있기 때문에 층 구조가 안정된 것으로 생각되어 성층권이라고 불린다. 하지만 실제로는 대류권에서처럼 강한 대류활동에 의한 혼합은 아니어도 상당히 격렬한 대류활동이 일어나고 있음이 밝혀졌다. 성층권에서도 '난류에 의한 혼합'이 일어나기 때문이다.

한편 지표면에서 약 10km 상공까지는 하층에 따뜻하고 가벼운 공기가, 상층에 차갑고 무거운 공기가 있어서 항상 하층과 상층의 공기가 대류를 통해 뒤섞이기 때문에 대류권이라고 불린다. 이 대류활동에 따른 상승 기류가 구름을 만들고 비를 내리게 하므로 기상 변화는 대류권에서만 일어나는 현상이다.

대기의 상하 이동을 싫어하는 여객기는 대류권과 성층권의 경계인 권계면을 비행하기 때문에 창밖의 경치를 보면 반드시 시선 밑에 구름이 있다.

발밑은
따뜻하고
머리 위는
추워……
덜
덜
따끈
따끈

구름과 우박의 관계

봄 하늘에는 안개가 낀 것 같은 구름이, 여름 하늘에는 소나기구름(적란운)이 잘 어울린다. 비늘구름(권적운)이 보이기 시작하면 '올해도 여름이 끝났구나'라는 생각에 감회가 깊어지기도 한다. 옛 사람들은 구름의 변화를 보고 날씨나 계절의 변화를 느꼈다. 이와 같이 자유자재로 모습을 바꾸는 구름은 어떻게 해서 생기는 것일까?

대기 속에서 주위보다 기압이 낮은, 즉 저기압인 장소에서는 공기가 중심을 향해 올라가기 때문에 상승 기류가 발생한다. 이

때 수증기를 머금은 공기 덩어리가 이 상승 기류를 타고 상공으로 올라가면 대기압이 작아져 공기덩이가 팽창하는데, 팽창한 공기덩이는 외부에서 열을 얻지 못해 내부의 열을 사용하기 때문에 온도가 내려간다. 그러면 포화 수증기량(공기에 들어 있을 수 있는 수증기량의 상한선)을 초과한 공기덩이 속의 수증기가 물로 바뀌며, 공기 속에 떠다니는 먼지 등의 응결핵 주위에 엉겨붙어 작은 물방울이 된다. 구름은 이렇게 탄생한다.

공기덩이가 더 상승하면 온도는 더욱 낮아지며, 그 결과 구름을 구성하는 알갱이는 물방울과 뒤섞이면서 얼음 알갱이로 변한다. 그리고 기온이 0℃ 이하가 되면 작은 얼음 결정(빙정)이 생기기 시작한다. 이것이 우박이다.

기온이 섭씨 0℃에서 -40℃ 사이일 때는 물방울과 얼음 결정이 뒤섞여 있다. 그러나 -40℃ 이하가 되면 대부분 얼음 결정이 된다. 이와 같은 물방울과 얼음 결정이 무수히 모여서 떠 있는 것이 구름의 일반적인 모습이다.

구름을 만들고 있는 구름 알갱이의 크기는 구름의 종류에 따라 다르지만 지름 2~40㎛(마이크로미터) 정도다. 이는 0.002~0.04mm의 크기다. 구름 알갱이가 서로 달라붙어 커지면 빗방울이 된다. 여름에 자주 볼 수 있는 적란운 등은 격렬한 상승 기류의 결과물이다. 반대로 공기덩이가 아래로 움직이는 하강 기

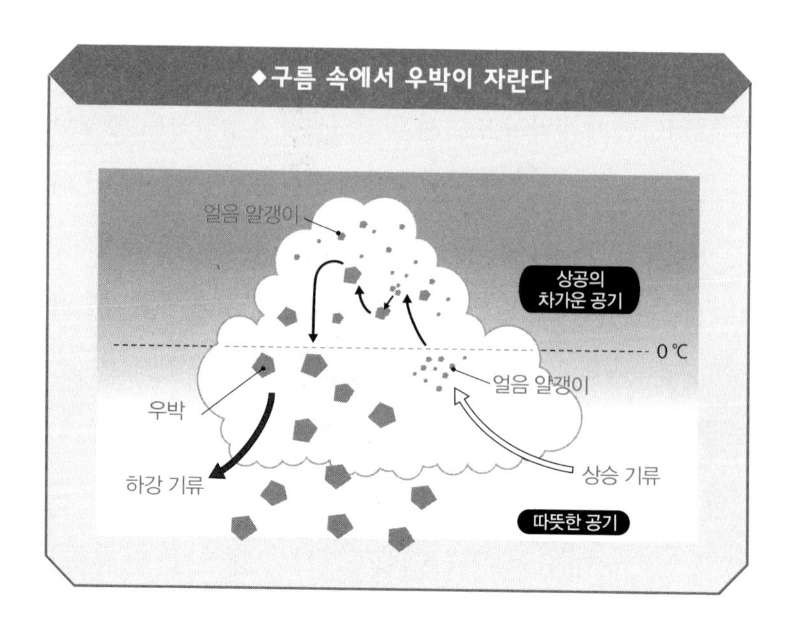

류에서는 아래로 내려갈수록 공기덩이가 수축해 온도가 높아진다. 이런 환경에서는 구름이 사라진다.

즉 공기는 '올라가면 비, 내려가면 맑음'이라는 변화를 일으킨다.

지름 30cm의 거대한 우박

1969년 3월, 인도에서 지름 30cm의 거대한 우박이 떨어졌다. 지름 30cm라고 하면 이미 '얼음 알갱이'라고 부를 수 없는 수준이다. 그런 우박이 머리에 떨어지면 즉사할지도 모른다는 생각에 저절로 몸이 오싹해진다. 실제로 이때 인도에서는 50명이나 되는 사망자가 나왔다. 또 일본에서도 달걀 크기의 우박이 내려서 농작물에 막대한 손해를 끼친 적이 있다. 부드러운 눈은 머리나 얼굴에 맞아도 아무렇지 않다. 싸라기눈이라 해도 그다지 아픈 정도는 아니다. 그러나 우박에 맞으면 그런 수준에서 끝나지 않는다. 우박에 맞은 농작물은 상처가 나거나 구멍이 뚫리거나 쓰러지기도 한다.

초봄에 싸라기눈이 후드득하고 내릴 때가 있다. 싸라기눈과 우박은 '고체성 강수(降水)'라는 눈의 사촌이다. 싸라기눈이 성장해 커진 것을 우박이라고 부른다. 싸라기눈과 우박 모두 얼음 알갱이지만 싸라기눈은 지름 2~5mm인 것, 우박은 지름 5mm를 초과한 것을 가리키며, 앞에서 말했듯이 큰 것은 지름이 30cm에 이르기도 한다.

거대한 우박은 여러 겹의 얼음층 덩어리

우박은 눈의 사촌임에도 대부분 여름에 내린다. 그 이유는 위를 향해 크게 발달하는 적란운 속에서 우박이 만들어지기 때문이다. 적란운은 소나기구름이라고도 부르는 여름 구름의 전형이다.

적란운의 위쪽에는 지름 0.1mm 정도의 얼음 결정이 많이 떠 있는데, 작은 얼음 결정들이 모여서 점점 커다란 결정을 만든다. 구름 속에는 아래에서 위로 향하는 공기의 흐름이 있기 때문에 작은 결정은 위쪽에 떠 있지만 어느 정도 커지면 떨어진다.

이때 낙하하는 도중에 달라붙은 찬 물방울이 얼면서 커진 얼음 알갱이가 싸라기눈이다. 싸라기눈은 거의 투명한 얼음으로 이루어져 있다. 그런데 이때 매우 강한 상승 기류가 있으면 얼음 알갱이는 쉽게 아래로 떨어지지 못한다. 조금 낙하하다가 다시 강한 공기의 흐름에 상승하며 구름 속을 오르락 내리락 한다.

이러는 동안 우박에 물방울이 겹겹이 달라붙으면서 얼어붙어 점점 커지며, 결국은 지름 30cm 크기까지 성장하기도 하는 것이다.

만약 우박을 줍는다면 반으로 쪼개보기 바란다. 우박이 내릴 때 외출하면 위험하므로 그친 다음에 나가서 주워보자. 쪼갠 단면을 보면 투명한 얼음층과 불투명한 얼음층이 몇 겹으로 쌓여 있는 것을 확인할 수 있을 것이다. 공기의 흐름 속에서 왔다 갔다 하기를 반복하는 사이에 마치 단면이 나무의 나이테 모양인 독일과자 바움쿠헨처럼 여러 겹의 얼음층이 생긴 것이다.

지금부터
우박이
내릴 거예요~
조심하세요~

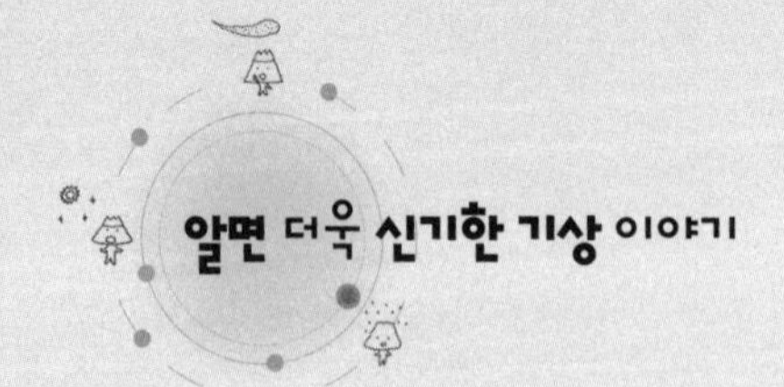

지리적 특징이 날씨에 미치는 영향

일본의 고속철도인 도카이도 신칸센은 겨울철에 나고야에서 교토로 가는 도중에 눈 때문에 속도가 느려지거나 멈춰서 사람들이 불편을 겪곤 한다. 한편 다른 장소에서는 도카이도 신칸센이 눈의 영향으로 서행하는 일이 거의 없다.

도카이도 신칸센의 나고야 역과 교토 역 사이에는 기후하시마와 마이바라라는 두 역이 있다. 그리고 이 두 역의 중간 지점에서 약간 마이바라 쪽에는 도쿠가와 이에야스의 '세키가하라 전투'로 유명한 세키가하라마치가 있다.

일본의 경우, 겨울 동안 동해 방면과 태평양 방면의 날씨가 크게 다르다. 동해 방면은 습도가 높아져 눈이 많이 내리며, 태평양 방면은 건조해져 맑은 날이 많아진다.

겨울철에는 중국 대륙에서 일본 열도로 시베리아 고기압의 매우 찬 공기가 흘러든다. '서고동저'의 겨울형 기압 배치가 되면 일기도에서는 일본 부근의 등압대가 거의 남북 방향으로 뻗어 세로 줄무늬 모양이 된다. 이때 강한 북서 계절풍이 분다. 대륙에서 불어오는 계절풍은 원래 차갑고 건조한데, 따뜻한 동해를 건너면서 수증기를 잔뜩 머금은 따뜻하고 습한 공기로 바뀐다. 그렇게 되면 대기의 상태가 불안정해지며 공기의 대류가 일어나 많은 적운이 생긴다. 그리고 이 적운은 이윽고 적란운으로 발달해 동해 방면의 평야지대에 눈을 뿌린다. 특히 계절풍이 등뼈처럼 일본 열도를 종단하는 세키료 산맥에 부딪히며 상승 기류가 되어 적란운으로 발달하면 산간지대에 큰 눈을 뿌린다.

계절풍이 평야지대와 산간지대에 눈을 뿌린 뒤 세키료 산맥을 넘어 태평양 방면으로 나오면 하강 기류가 되어 구름이 사라진다. 이 때문에 태평양 방면의 각 지역에서는 겨울철에 건조하고 맑은 날이 많아진다.

다른 경로를 채택했다면…

세키가하라 일대는 굳이 따지면 동해 쪽보다 태평양 방면에 위치한다고 할 수 있다. 그런데 왜 눈이 많이 내리는 것일까?

중국 대륙의 시베리아 고기압이 일으킨 북서풍은 교토부에 위치한 와카사 만에서 일본 최대의 호수인 시가현의 비와코 호수 북단을 지나 세키가하라에 도착한다. 와카사 만에서 세키가하라 사이에는 높은 산이 없으며 미쿠니야마 산(876m)이라는 낮은 산이 있는 정도다. 미쿠니야마 산을 넘으면 곧바로 비와코 호수 북부이므로 북서풍은 동해에서부터 산들의 방해를 거의 받지 않고 세키가하라를 통과해 노비 평야로 빠져나간다. 그런 이유로 수증기를 잔뜩 머금은 북서풍이 세키가하라 부근에 도달했을 때 많은 눈을 뿌리는 것이다.

나고야 부근에서는 겨울에 서쪽에서 부는 강한 바람을 '이부키 오로시'라고 하는데, 이것은 세키가하라 근처에 있는 이부키 산에서 유래한 이름이다.

도카이도 신칸센을 만들었을 때 시가현에 있는 스즈카 산맥에 긴 터널을 뚫고 그 터널을 지나가는 경로를 채택했다면 나고야에서 서쪽으로 갈 때 세키가하라 부근에서 눈 때문에 고생하지 않아도 되었을 것이다. 그러나 스즈카 산맥을 지나가는 경로는 공사 기간이나 기술적인 문제 때문에 어려운 공사가 될 것이 예상되었다. 또 세계은행에서 융자를 하면서 '도쿄 올림픽 개최(1946년)까지 개통한다'는 조건을 달았기 때문에 현재와 같이 세키가하라를 경유하는 경로가 채택되었던 것이다.

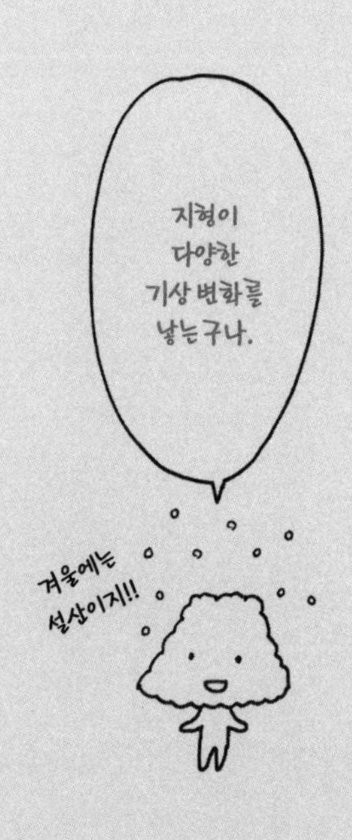

Part 3

자꾸만 들어도 신기한 우주 이야기

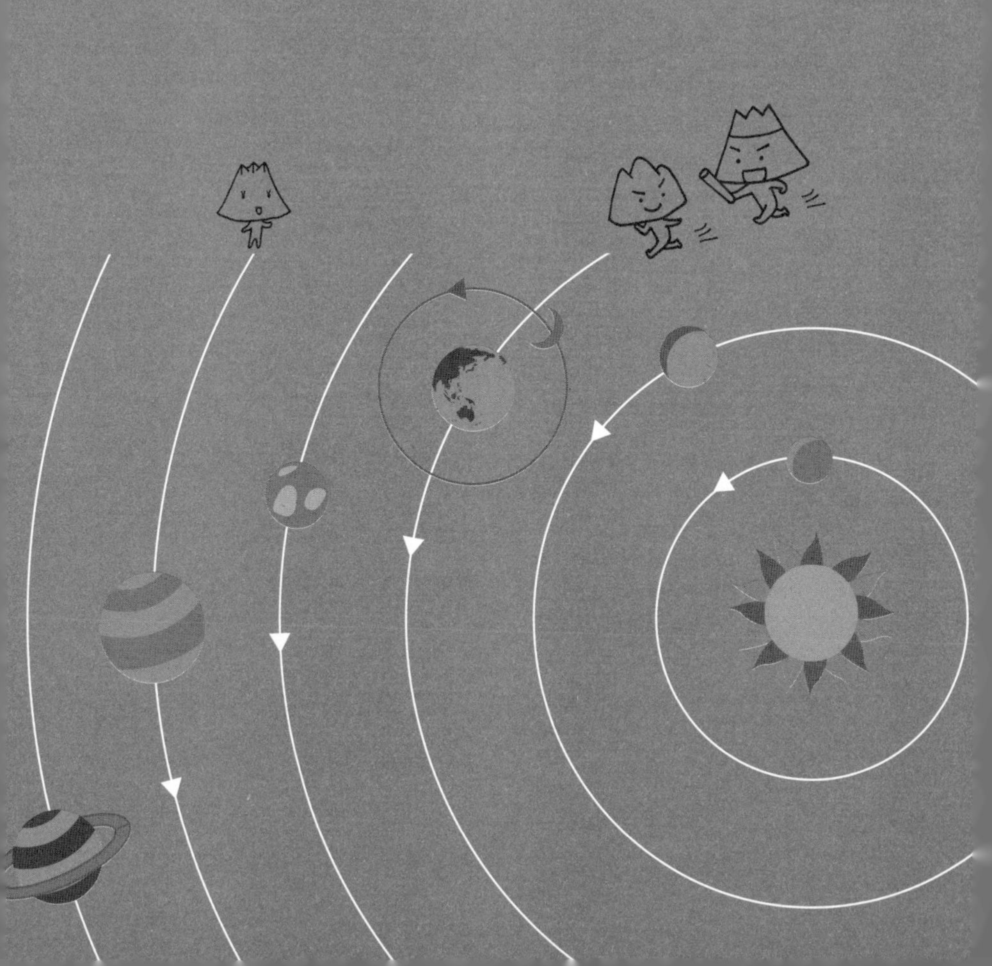

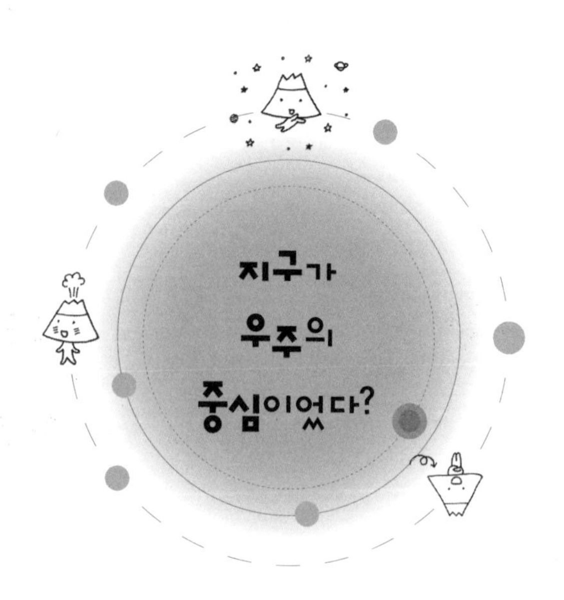

코페르니쿠스적 전환이란…

어느 시점까지 상식으로 여겨지던 개념이 한순간에 뒤바뀌는 과정에서 급전개의 분기(分岐)가 되는 것을 흔히 '코페르니쿠스적 전환'이라고 한다. 이것은 천체가 지구를 중심으로 움직인다는 천동설이 지배적이던 시대에 지구가 태양을 중심으로 돈다는 지동설을 외친 천문학자 니콜라우스 코페르니쿠스(Nicolaus Copernicus, 1473~1543)의 이름에서 유래했다.

천동설은 지구를 중심으로 '하늘이 움직인다'는 학설이고, 지동설은 태양을 중심으로 지구 등의 '행성이 움직인다'는 학설이

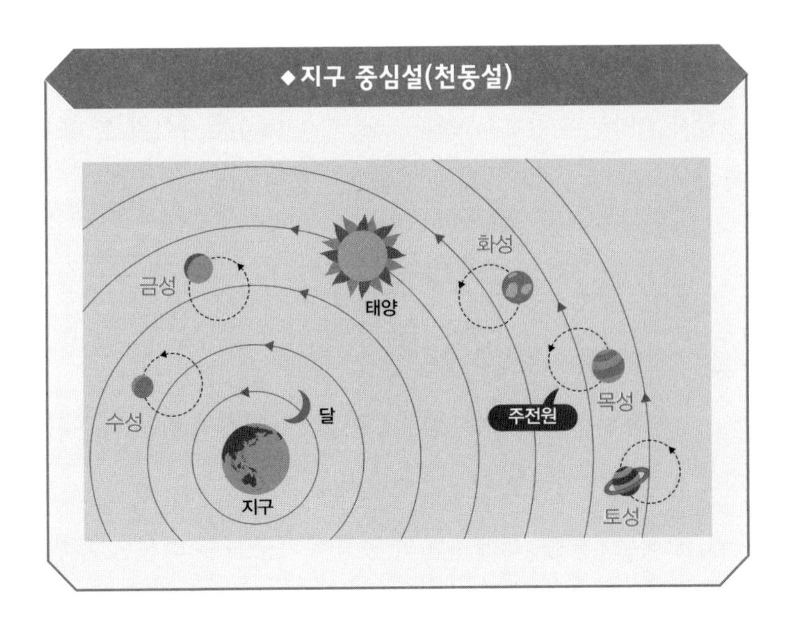
◆지구 중심설(천동설)
화성
금성
태양
수성
달
주전원
목성
지구
토성

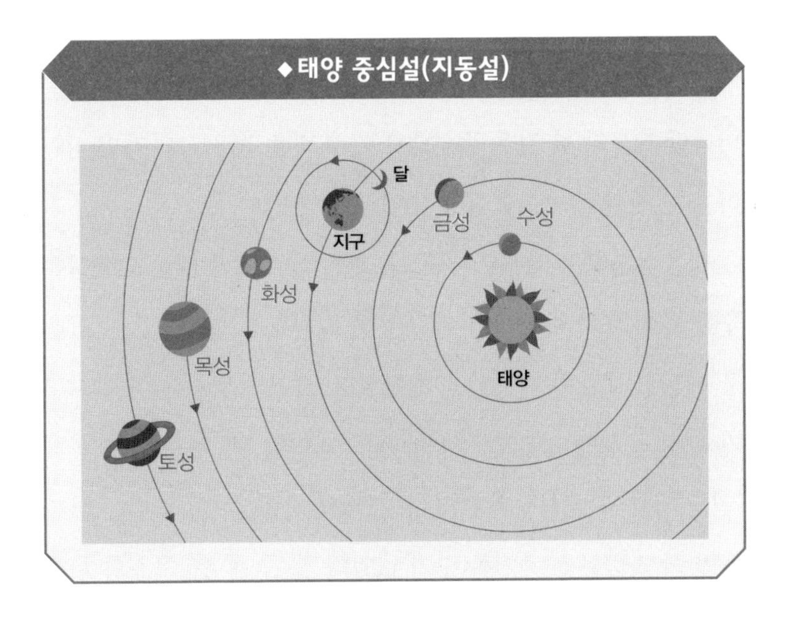
◆태양 중심설(지동설)
달
금성
수성
지구
화성
목성
태양
토성

므로 완전히 정반대의 발상이자 대전환이었다고 할 수 있다. 또 철학자 임마누엘 칸트(Immanuel Kant, 1724~1804)가 자신의 생각이 독창적임을 나타내려고 사용한 말로도 유명하다.

지동설을 가로막은 벽

천동설은 밤하늘에 빛나는 항성이 달라붙어 있는 둥근 천장이 있다고 생각하고 천구(天球, 천체의 위치를 정하기 위해 관측자를 중심으로 하는 무한 반경의 큰 구면)의 중심에 지구를 둔 다음 그 주위에 순서대로 달과 수성, 금성, 화성, 목성, 토성의 궤도를 놓은 정교한 모델이다. 어떨 때는 순행을 하고 어떨 때는 역행을 하기 때문에 '당혹스러운 별(혹성)'로 여겨진 행성의 운동에 관해서는 커다란 궤도의 한 점을 중심으로 다시 작은 원을 그리며 움직인다는 '주전원(周轉圓)'설 등을 도입해 설명했다.

이런 상황에서 코페르니쿠스는 지구가 아니라 태양을 중심에 두는 편이 오히려 행성의 위치를 쉽고 정확하게 결정할 수 있음을 깨닫고 새로이 지동설을 제창했다. 그러나 당시는 아직 지구가 태양 주위를 공전할 경우에 관측되어야 할 '연주 광행차'와 '연주 시차'가 발견되지 않았다. 그래서 지동설은 틀렸다는 비판을 받아도 반론을 제기할 수가 없었다. 또 코페르니쿠스의 시대에는 지동설 모델보다 천동설 모델이 행성의 운동을 더 정확하고 치밀하게 설명했다.

이렇듯 획기적인 대발견이었던 지동설도 쉽게 받아들여지지는 않았다.

지동설의 증거를 찾아서

1543년, 코페르니쿠스는 지동설에 관해 쓴 책을 출판했다. 그러나 지동설을 뒷받침하기 위해 필요했던 '연주 광행차'의 존재는 그로부터 180여 년 뒤인 1727년에 확인되었다.

연주 광행차란 지구가 공전함에 따라 지구상의 관찰자가 빠르게 움직이고 있다면 빛의 속도와 관찰자가 움직이는 속도의 합성으로 빛이 오는 방향이 실제와는 다르게 관측되는 현상과 그 각도를 가리킨다. 이것으로 지구가 공전하고 있음을 나타내는 증거를 하나 얻을 수 있었다.

그러나 또 하나의 증거인 '연주 시차'는 좀처럼 확인되지 않았다. 연주 시차란 지구가 태양 주위를 공전한다면 지구와 가까운 곳에 있는 별은 1년 주기로 조금씩 이동하는 것처럼 보이는 현상과 그 각도를 가리킨다.

우리 주변의 예를 들어보면 이렇다. 창문 옆에 꽃병을 놓아보

자. 이때 꽃병을 보면서 머리를 조금 움직이더라도 물론 꽃병이 움직이는 것처럼 보이지는 않는다. 그렇다면 이번에는 창밖으로 멀리 보이는 풍경과 꽃병을 함께 보면서 머리를 살짝 움직여 보기 바란다. 그러면 경치는 그 자리에 있는데 꽃병만 움직이는 것처럼 보일 것이다. 머리의 위치가 바뀌면 먼 곳에 있는 것과 가까운 곳에 있는 것의 위치가 다르게 관찰된다. 이 차이를 '시차'라고 한다. 즉 연주 시차가 검출되지 않는다는 것은 항성이 매우 먼 곳에 있음을 암시한다.

당시의 천문학자들은 지구가 태양 주위를 돈다면 반년 뒤에는 가까운 별과 먼 별의 위치가 다르게 관찰될 것이라고 생각했지만 좀처럼 관측되지 않았다. 그러다 1838년이 되어서야 비로소 백조자리 61번별의 연주 시차를 검출하는 데 성공했다. 항성이 매우 멀리 떨어져 있었던 탓에 연주 시차가 너무나 미미해 좀처럼 검출되지 않았던 것이다.

또 1851년에 레옹 푸코(Jean Bernard Léon Foucault, 1819~1868)는 하루 종일 멈추지 않고 흔들리는 거대한 진자를 관찰해 지구가 자전함에 따라 흔들리는 방향이 서서히 달라진다는 사실을 발견했다. 처음으로 지구의 자전이 증명된 것이다.

코페르니쿠스의 지동설은 갈릴레오 갈릴레이(Galileo Galilei, 1564~1642)와 요하네스 케플러(Johannes Kepler, 1571~1630), 아이작

뉴턴(Isaac Newton, 1642~1727)의 노력으로 현대의 확고한 우주관이 되었지만, 지구의 자전과 공전에 관해 명확하고 직접적인 증거를 얻기까지는 약 300년이라는 긴 세월이 걸렸다.

케플러의 법칙이 만유인력의 법칙을 이끌어내다

케플러는 갈릴레이와 같은 시대에 행성의 운동 법칙을 밝혀낸 인물이다. 그는 유명한 천문학자인 티코 브라헤(Tycho Brahe, 1546~1601) 밑에서 제자이자 조수로 지내며 연구에 힘썼다. 티코 브라헤는 망원경을 사용하지 않은 관측 중에서는 가장 정확한 행성 위치 데이터를 모아놓은 것으로 유명하다. 스승이 세상을 떠난 뒤 케플러는 축적된 방대한 관측 데이터를 이용해 행성의 운동에 관한 세 가지 법칙을 밝혀냈다.

- 제1법칙(타원궤도 법칙): 행성은 태양을 하나의 초점으로 행성에 따라 각각 정해진 형태와 크기의 타원 궤도 위를 공전한다.
- 제2법칙(면적속도일정 법칙): 각 행성이 공전할 때 같은 시간 동안 행성과 태양을 연결하는 선분이 쓸고가는 넓이는 같다(즉 행성은 태양에 접근할 때는 빠르게 움직인다).
- 제3법칙(조화 법칙): 태양에서 행성까지의 평균 거리의 세제곱

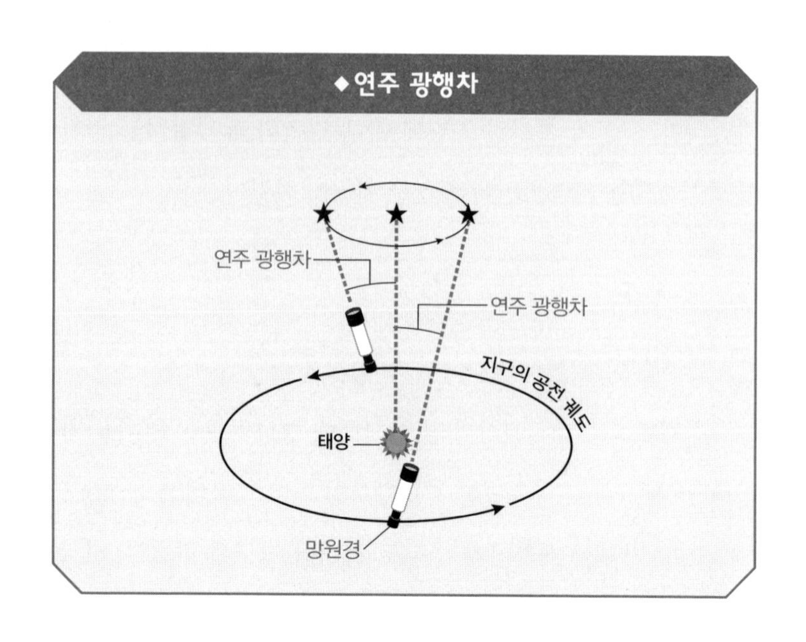
◆연주 광행차
연주 광행차
연주 광행차
지구의 공전 궤도
태양
망원경

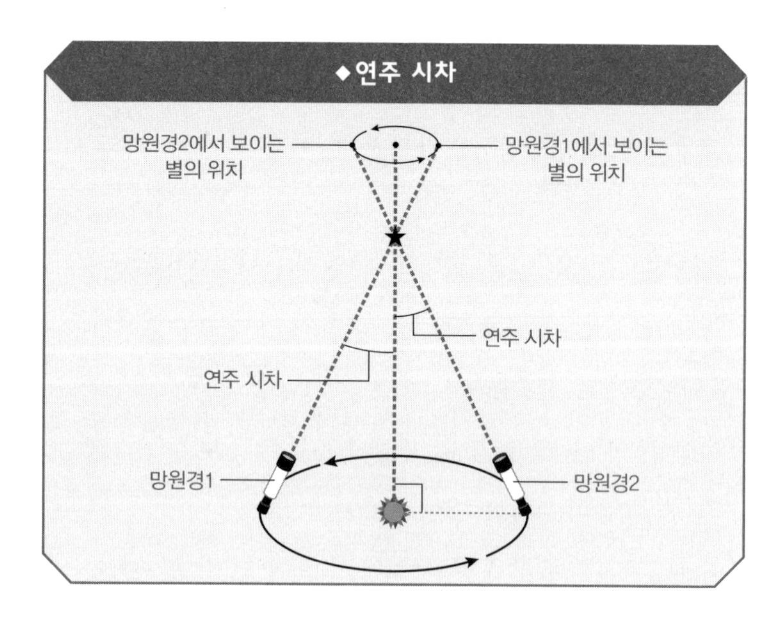
◆연주 시차
망원경2에서 보이는 별의 위치
망원경1에서 보이는 별의 위치
연주 시차
연주 시차
망원경1
망원경2

과 공전 주기의 제곱의 비는 행성에 상관없이 일정하다.

'케플러의 법칙'이라고 부르는 이 세 법칙은 훗날 뉴턴을 자극해 만유인력의 법칙을 이끌어내는 계기가 되었다.

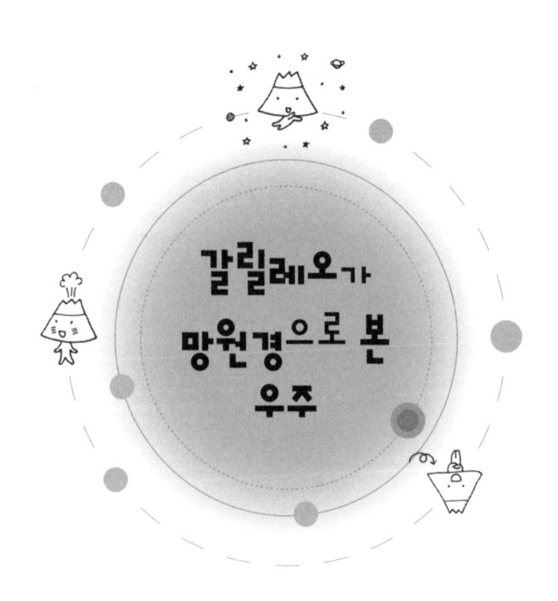

갈릴레오와 망원경과의 만남

1564년에 이탈리아의 피사에서 태어난 갈릴레오 갈릴레이는 천문학자이자 물리학자로 유명한데, 그가 희대의 학자로서 후세에 이름을 남길 수 있도록 도운 일등 공신은 망원경이었다고 해도 과언이 아니다.

역사상 최초로 만들어진 망원경은 볼록렌즈를 대물렌즈로, 오목렌즈를 접안렌즈로 사용한 것이었다. 망원경을 발명한 사람이 누구인지에 대해서는 여러 설이 있는데, 1608년에 네덜란드의 안경 장인인 한스 리페르세이(Hans Lippershey, 1570~1619)가 특

허를 신청했다는 기록이 남아 있다. 한편 갈릴레오는 그 이듬해 인 1609년에 10배율의 망원경을 단 하루 만에 제작했고 이후 더 배율이 높은 망원경을 만들어나갔다. 최대 20배율의 망원경까지 만들었을 정도다. 안경 장인들이 만든 망원경은 2~3배율에 불과했고 상이 흐릿하게 보였지만, 갈릴레오의 망원경은 그보다 훨씬 선명한 상을 만들어냈다.

당시 갈릴레오가 만든 것은 구경 4cm의 작은 망원경이었다. 요즘 파는 싸구려 장난감 망원경보다도 성능이 떨어졌지만, 그 망원경으로 우주를 바라봤을 때의 충격은 틀림없이 엄청났을 것이다.

망원경으로 우주를 들여다보니 수정 구슬처럼 아름다운 구체라고 생각했던 달의 표면에 요철(크레이터)과 검은 부분(갈릴레오는 이것을 '바다'라고 불렀다)이 있는 것이 보였다. 티 하나 없는 빛나는 구체라고 생각했던 태양에도 검은 얼룩(흑점)이 있었다. 천동설에서는 달보다 먼 하늘은 영원히 변하지 않는다고 여겼다. 따라서 모양과 위치가 바뀌는 흑점이 태양에 있다는 것은 이해할 수 없는 일이었다. 흑점의 변화는 태양이 자전한다는 증거였기 때문이다.

은하수가 별이 모여 있는 것임을 발견한 사람도 갈릴레오다. 또한 목성의 4대 위성(이오, 유로파, 가니메데, 칼리스토)도 갈릴레오가 발견했다. 현재는 그 네 위성을 '갈릴레이 위성'이라고 부르는데, 당시는 갈릴레오에게 자금을 후원했던 메디치 가문의 이름을 따서 '메디치의 별'이라는 이름으로 불렸다.

갈릴레오는 1610년 3월에 이러한 관찰 기록들을 「별 세계의 보고」라는 논문에 정리해 발표했다. 목성의 위성이 지구가 아니라 목성 주위를 돈다는 결과는 지구를 중심으로 돌지 않는 천제가 존재함을 증명했으며, 또 위성과 마찬가지로 지구가 거대한 태양 주위를 도는 것이 자연스럽다는 생각을 이끌어냈다. 또다시 천동설에 불리한 사실이 밝혀진 것이다.

또 금성을 관측하면서, 금성이 차고 이지러지며 크기가 달라진다는 사실도 발견했다. 만약 천동설의 모델이 옳다면 금성은 어느 정도 차고 이지러지기는 해도 초승달처럼 가늘어지지는 않으며, 또한 지구와의 거리가 일정하므로 크기가 달라지지 않아야 정상이다.

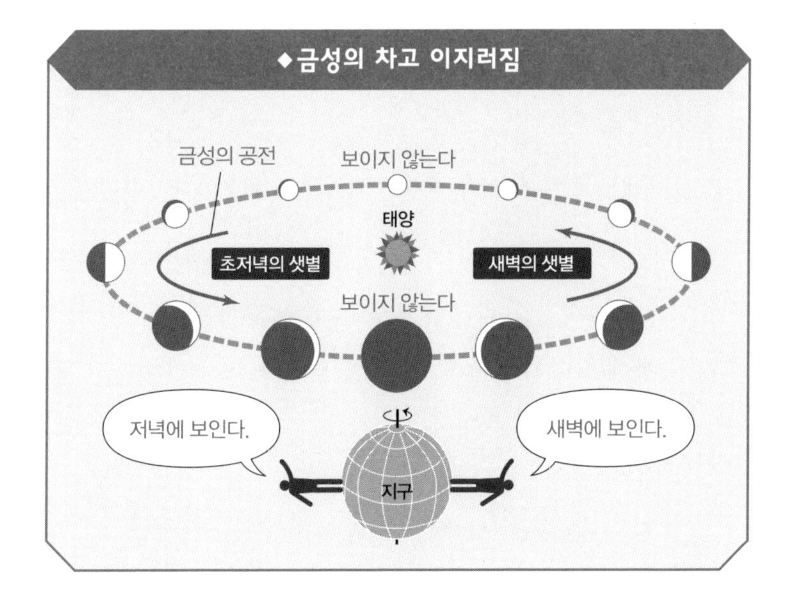

지동설이 증명되기까지

갈릴레오는 저서 『두 개의 우주 체계에 대한 대화: 프톨레마이오스와 코페르니쿠스의 설에 대한 대화(약칭 '천문학 대화')』에서 지동설을 지지했기 때문에 1633년에 종교재판에 회부되어 지동설을 포기하도록 명령 받고 유폐되었다. 이때 "그래도 지구는 돈다"라고 중얼거렸다는 일화가 있는데, 이 일화는 훗날 제자가 지동설을 띄우기 위해 창작했다는 설과 남들이 알아듣지 못하게 그리스어로 중얼거렸다는 설이 있다.

그는 유폐 중에도 『역학과 운동이라는 두 가지 새로운 과학에 관한 강화(講話)와 수학적 증명(약칭 '신과학 대화')』을 써서 관성 운동과 낙하 법칙 등 지상의 운동에 관해서도 설명했다.

그러나 두 눈의 시력을 잃는 등 불우한 만년을 보내다 1642년 눈을 감았다.

기이하게도 갈릴레오가 세상을 떠난 그 해는 뉴턴이 탄생한 해이기도 하다. 코페르니쿠스에서 갈릴레오, 케플러로 계승된 지동설은 뉴턴의 관성 개념을 비롯한 '운동 법칙'과 '만유인력의 법칙'을 통해 드디어 역학적으로 증명되었다.

지동설은
혼자의 힘으로
증명한 게
아니었구나!

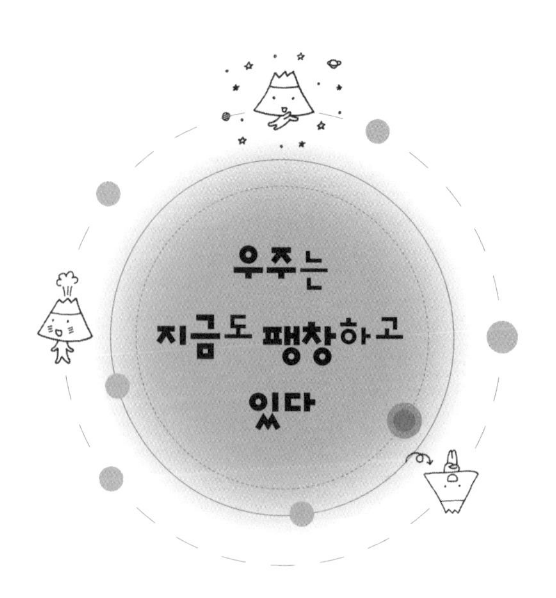

 정상 우주론 대 빅뱅 이론

20세기 초엽, 미국의 윌슨 산 천문대에 에드윈 허블(Edwin Powell Hubble, 1889~1953)이라는 천문학자가 있었다. 그는 변호사에서 천문학자로 직업을 바꾼 특이한 경력의 소유자였다. 허블은 대형 천체 망원경을 사용해 먼 곳에 있는 별의 대집단, 즉 은하들을 관찰하다 은하의 색이 불그스름한 것을 발견했다. 이것은 '빛의 도플러 효과'라고 부르는 현상이다. 관측자로부터 멀리 떨어진 것은 불그스름하게 보이고, 가까운 것은 푸르스름하게 보인다. 이를 통해 그는 은하의 거리가 멀수록 은하의 후퇴속도가 커진다는 허블의 법칙을 완성하고 우주 팽창론의 근거를 제시했다. 1929년에 있었던 일이다.

우주가 지금도 계속 팽창하고 있다면 아주 먼 옛날에는 우주가 초고밀도 상태의 한 점에서 탄생했다고 생각할 수 있다. 또한 현재의 우주에 존재하는 물질은 수소나 헬륨 등 가벼운 원소가 많다는 데서 초고밀도 우주의 온도는 초고온이었을 것으로 생각하는 인물이 나타났다. 바로 이론 물리학자인 조지 가모프(George Gamow, 1904~1968)다. 1947년에 그는 우주가 초고온·초고밀도의 불구슬에서 시작되었다고 제창했다.

당시 천문학계에서는 영국의 천문학자인 프레드 호일(Fred Hoyle, 1915~2001)이 제창한 '정상 우주론'이 많은 과학자의 지지를 받고 있었다. 정상 우주론은 허블이 발견한 우주의 팽창을 인정하면서도 우주 물질의 밀도는 결과적으로 은하가 계속해서 탄생함으로써 유지되며 영원히 불변하다는 생각이다. 호일은 가모프의 이론을 받아들이지 못하고 절반쯤 조롱하는 의미에서 '대폭발(빅뱅)' 이론이라고 불렀다. 이것이 매우 이해하기 쉬운 표현이었기에 세간에는 빅뱅이라는 이름이 정착했는데, 원래는 가모프의 이론을 조롱하는 표현이었다.

가모프는 우주가 불구슬에서 탄생해 팽창했다면 빅뱅이 일어났을 때의 초고온에서 점점 식어서 현재는 우주의 온도가 3K(켈

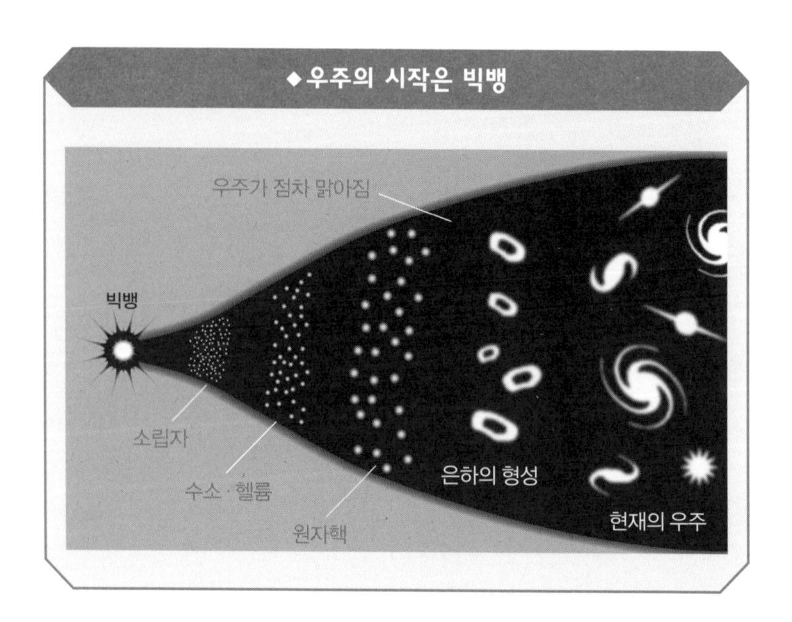

빈, 섭씨로 환산하면 -270℃) 전후가 되었을 것으로 예상했다.

그리고 이후 '우주 배경 복사'가 발견됨에 따라 가모프의 빅뱅 이론은 정상 우주론에 승리하게 된다. 우주 배경 복사는 우주의 모든 방향에서 거의 일정하게 날아오는 전자파다. 파장 1mm 부근의 마이크로파 영역에서 가장 강력하며, 그 스펙트럼을 통해 온도가 3K임이 증명되었다.

작은 원소에서부터 차례차례 합성되다

빅뱅이 일어나고 1만 분의 1초 뒤에는 우주의 온도가 1조℃, 크기는 태양계 정도로 커졌으며, 1초 뒤에는 우주의 온도가 100억℃, 크기는 1조km(태양계의 100배)로 부풀어 올랐다. 우주의 역사는 이 대폭발까지 거슬러 올라갈 수 있으며, 지금으로부터 약 137억 년 전에 시작되었다고 알려져 있다.

우주가 탄생한 뒤에 제일 먼저 만들어진 것은 수소 원자핵이다. 빅뱅 3분 뒤에는 따로따로였던 양자와 중성자가 결합해 중수소와 삼중수소, 헬륨 등의 원자핵이 만들어졌다. 이른바 '빅뱅 원

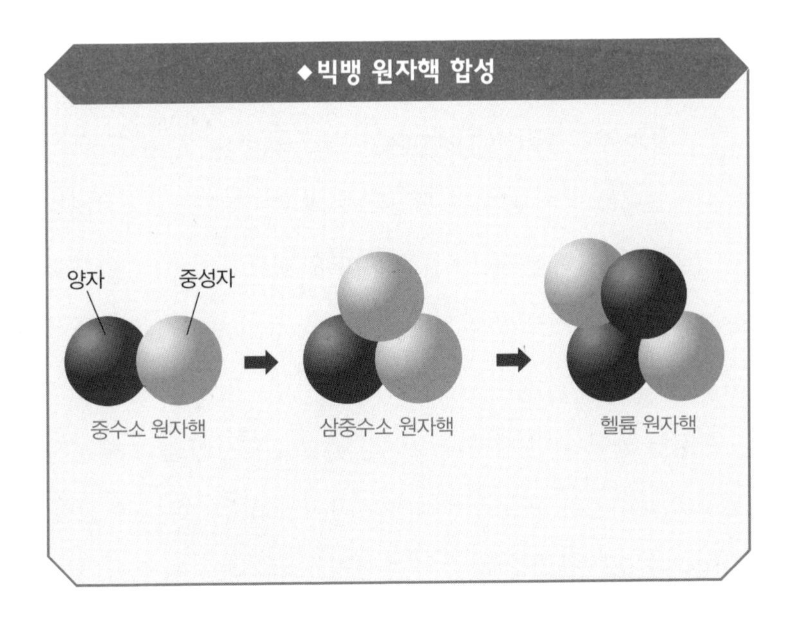

자핵 합성'이다. 우주에 존재하는 원소의 대부분은 수소이고 그 다음은 헬륨(질량비 약 8%)이며 그 밖의 원소는 극히 일부에 불과하다. 그리고 이런 원소들은 빅뱅 후 이른 단계에서 만들어졌다.

그리고 항성이 태어나면 항성 내부에서는 네 개의 수소 원자핵이 하나의 헬륨 원자핵으로 변화하는 수소 핵융합 반응이 진행된다. 헬륨이 어느 정도 쌓이면 이번에는 헬륨이 핵융합 반응을 시작한다. 태양보다 무거운 별에서는 탄소와 산소, 질소도 차례차례 핵융합 반응을 시작해 원자 번호 26번인 철까지의 원소가 만들어진다. 철의 원자핵은 매우 안정적이기 때문에 항성 내부에서 이보다 큰 원소는 합성되지 않았다.

금과 우라늄이 만들어지다

그렇다면 철보다 큰 원소는 언제 만들어졌을까? 거대한 항성은 수명을 다할 때 '초신성 폭발'을 일으킨다. 이때 발생하는 막대한 압력과 열로 라듐이나 우라늄 등의 원소가 한꺼번에 만들어졌다.

항성에 들어 있던 원자나 초신성 폭발을 일으켰을 때 생성된 원소의 대부분은 폭발을 통해 주위의 우주 공간으로 흩어진다. 흩어진 원소는 성간 기체나 성간 먼지가 되어 우주를 떠돌다 새로운 항성이나 행성의 재료가 된다.

지구상에 수소부터 우라늄까지 수많은 원소가 존재하는 이유는 지구 혹은 지구를 포함한 태양계가 수많은 항성, 그것도 태양보다 상당히 질량이 큰 항성이 초신성 폭발을 일으킬 때 방출된 성간 가스와 성간 먼지가 모여서 만들어졌기 때문이다.

금이나 우라늄 등의 자원은 초신성 폭발의 유물인 것이다.

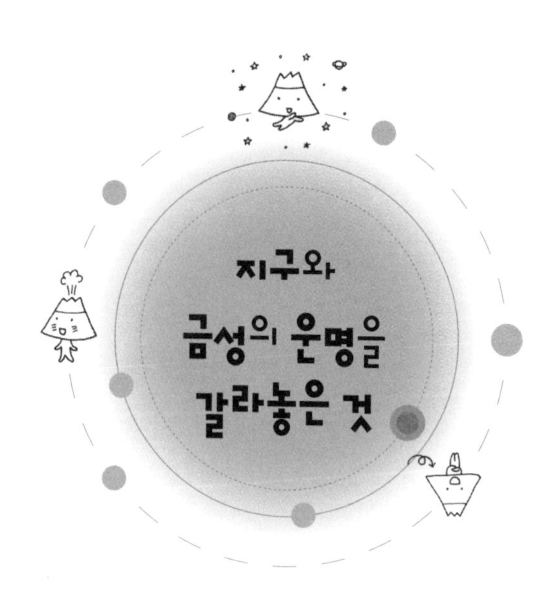

지구와 금성의 운명을 갈라놓은 것

상공은 황산, 대기는 이산화탄소로 이루어진 샛별

금성은 '새벽의 샛별' '초저녁의 샛별'로서 먼 옛날부터 인류에게 친숙한 행성이다. 이러한 금성과 지구는 같은 과정을 거치며 탄생했다는 사실이 밝혀졌다. 행성 중에서도 태양과 가까운 수성과 금성, 지구는 목성이나 토성 등과는 달리 특징이 비슷한 형제별이다. 그중에서도 금성은 크기나 질량이 지구와 거의 동일하기 때문에 내부의 구조나 구성 물질도 비슷한 것으로 생각된다. 그런데 금성의 표면을 보면 지구와는 모습이 상당히 다르다.

예를 들어 금성을 향해 탐사 로켓을 쏘았다고 가정하자. 금성의 외부에서 지표면을 관찰하려고 시도해도 지표면은 전혀 보이지 않는다. 금성의 지표면으로부터 고도 50~70km 상공이 두꺼운 구름으로 뒤덮여 있기 때문이다. 지구의 구름 알갱이는 물로 구성되어 있지만, 금성에 있는 구름은 짙은 황산으로 구성되어 있다. 그렇기 때문에 금성의 구름은 황산 알갱이가 섞여 노란색을 띠고 있으며, 가시거리는 3km 정도로 추정된다. 대기의 성분은 이산화탄소 96%, 질소 3.4%, 수증기 0.14%로, 대부분이 이산화탄소다.

◆금성과 지구의 차이

	금성	지구
태양으로부터의 거리 [AU]	0.723	1.00
공전 주기 [지구일]	224	365
자전 주기 [지구일]	243	1.00
적도 반지름 [km]	6052	6378
밀도 [g/㎤]	5.24	5.52
평균 기압 [hPa]	92000	1013
평균 기온 [K]	750	288

두꺼운 대기에 뒤덮여 있어서 지표면이 전혀 보이지 않는다.

금성의 대기압은 지구의 해저 약 900m 지점의 수압에 해당하는 약 90기압에 이른다. 이 때문에 대기의 밀도는 지구의 약 100배(0.1kg/cm^3)에 이른다. 90기압에서 물의 끓는점은 300℃인데, 금성의 지표면 부근의 온도는 끓는점보다 훨씬 높은 400℃ 이상이다. 이것은 대량의 이산화탄소에 따른 온실 효과 때문이다.

갈림길의 원인은 태양으로부터의 거리

지구가 탄생했을 무렵인 약 46억 년 전, 지구의 대기는 주로 수소와 헬륨이었지만 이윽고 태양풍에 날아가 없어졌다. 이후 지각이 만들어져 화산 활동이 활발해지자 지구 내부에서 분출된 기체가 대기의 주요 성분이 되었다. 말하자면 이산화탄소와 질소, 수증기 등이 생겼다. 지구는 태양과 거리가 적당히 떨어져 있었기 때문에 금성에 비해 단위 면적당 태양 복사 에너지와 자외선이 약해 수증기가 분해되지 않고 남을 수 있었다.

이윽고 화산 활동이 잦아들자 수증기는 비가 되었고 그 비가 바다를 만들어 '물의 행성'으로 불리는 별이 되었다. 이때 비가 대량의 이산화탄소를 바닷물에 녹아들게 했다. 이산화탄소를 머금은 '원시의 바다'는 다양한 생명을 낳았고, 그 가운데 광합성을 하는 생물이 있어서 대기 속에 산소를 방출했다. 이렇게 해서 지구의 주요 대기 성분은 질소와 산소, 수증기가 되었다.

금성에도 갓 탄생했을 때는 수증기가 존재했다. 현재보다 태양이 어두웠던 적도 있어서 금성에도 이산화탄소가 녹아든 바다가 있었던 것으로 추측되고 있다. 그러나 태양이 점점 밝아졌기 때문에 바닷물의 온도가 높아져 이산화탄소가 대기 속에 방출되었다. 그리고 이산화탄소의 온실 효과로 지표면의 온도가 더욱 상승해 대기 속의 이산화탄소가 상승하는 악순환이 이어졌다. 이윽고 바닷물은 높은 온도로 인해 증발해 수증기가 되었고 태양의 강한 자외선을 받아 수소와 산소로 분해되었다. 그리고 가벼운 수소는 우주 공간으로 날아가버리고 말았다.

지구와 금성과 운명을 가른 가장 큰 원인은 금성이 지구보다 4,000만km 정도 태양과 가깝다는데 있었다.

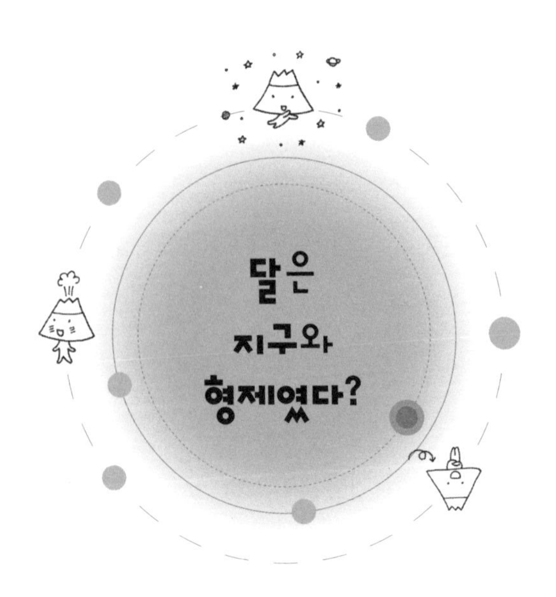

가깝고도 먼, 달 이야기

수성과 금성 이외의 행성들은 행성 주위를 도는 위성을 가지고 있다. 지구의 위성은 달이다.

달은 우리에게 가장 친근감 있는 천체다. 먼 옛날부터 시와 노래의 소재가 되어왔고 달력을 만드는 근거가 되는 등 인류의 삶에 없어서는 안 되는 존재였다. 그러나 위성으로서는 과학적으로 밝혀진 것이 적은 신비한 천체라고 할 수 있다.

다음은 아직 밝혀지지 않은 달의 수수께끼 중 일부다.

- 달의 내부는 어떻게 되어 있는가?
- 다른 위성에 비해 모행성(지구)에 대한 크기가 지나치게 큰 이유는 무엇인가?
- 지구에 대해 항상 똑같은 면을 보이는(자전과 공전의 주기가 일치하는) 이유는 무엇인가?
- 지각의 두께가 앞면(지구를 바라보는 쪽)보다 뒷면이 두꺼운 이유는 무엇인가?
- '바다'라고 부르는 검은 현무암 저지대가 앞면에만 존재하는 이유는 무엇인가?

달이 어떻게 탄생했는지에 대한 이른바 '달 탄생 시나리오'도 커다란 수수께끼다. 달이 특별한 점은 다른 행성과 위성의 관계와는 달리 모행성인 지구와 비교했을 때 상당히 큰 위성이라는 것이다. 지구는 어떻게 해서 자신의 크기에 어울리지 않을 만큼 큰 위성을 거느리게 되었을까?

원래 달 탄생 시나리오에는 세 가지 설이 있었다. 첫째는 같은 장소에서 지구와 달이 거의 동시에 탄생했다는 '쌍둥이설(형제설·쌍둥이 집적설)'이다. 둘째는 원시 지구가 아직 단단하지 않고 자전이 빨랐을 때 그 원심력에 의해 분열되었다는 '친자설(출산설·분열설)'로, 찰스 다윈(Charles Robert Darwin, 1809~1882)의 아들인 조지 다윈(George Howard Darwin, 1845~1912)이 제창했다. 그리고 셋째는 전혀 다른 곳에서 탄생한 달을 지구의 인력이 붙잡아 끌어당겼다는 '타인설(배우자설 · 포획설)'이다. 이 가운데 '타인설'의 경우 지구와 달의 화학 조성이 지나치게 유사하다는 점에서 그 타당성이 의문시되고 있다. 또 '쌍둥이설'은 달과 지구의 평균 밀도가 크게 다르다는 점이 부자연스럽다고 여겨졌다. 그래서 '친자설'이 유력시되었지만, 이번에는 달이 분열될 만큼 강한 원심력이 과연 가능하냐는 문제가 지적되었다.

그러던 가운데 1975년에 윌리엄 하트먼(William K. Hartmann)과 도널드 데이비스(Donald R. Davis)가 '거대 충돌설'을 제창했다. 친자설에서 주장하듯이 지구와 달이 분열된 원동력은 원심력이 아니라 천체의 충돌이었다고 생각한 것이다.

달 탄생에 관한 거대 충돌설 시나리오

갓 탄생한 45억 5,000만 년 전 무렵의 지구에는 생명은 고사하고 바다도 존재하지 않았다. 그런 원시 지구에 지구의 약 절반 크기의 소천체가 비스듬하게 충돌했다. 이 충돌로 지구의 맨틀 중 일부가 떨어져 우주 공간으로 날아갔고, 그것들이 서로의 인력으로 뭉쳐 원시 달이 탄생했다. 이때의 집합 지점은 현재 지구와 달이 떨어져 있는 거리의 20분의 1에 해당하는, 지구로부터 2만km 정도 떨어진 곳으로 추측된다.

그 무렵 지구에서 본 달은 어떤 모습이었을까? 지금의 달과 비교하면 지름은 20배, 표면적은 400배, 그리고 밝기도 400배여서 보름달이 뜬 밤에는 상당히 밝았을 것이다. 지금은 29일인 공전 주기도 당시에는 불과 10시간밖에 되지 않아서 빠르게 하늘을 이동했다. 또 주목해야 할 것은 밀물과 썰물을 일으키는 힘인 조석력(潮汐力)의 세기다. 조석력은 다른 천체가 미치는 인력에 따른 영향으로 생긴다. 지구에 바다가 탄생했을 무렵에는 달이 지구로부터 4만km 정도까지 멀어져 있었지만, 그래도 조석력은 현재의 1,000배에 이르렀다. 가령 지금 지구의 조수 간만 차가 1m라면 당시의 조수 간만 차는 단순 계산으로 1,000m나 된다. 요컨대 매일 거대한 해일이 밀려오는 상태였을 것이다.

원시 달이 지구 근처에 있었다면 달에도 지구의 인력이 강하게 작용했을 것이다. 예를 들어 달의 내부에 있는 무거운 핵과 맨틀은 지구의 인력에 강하게 끌어당겨져 지구 쪽으로 치우쳤기 때문에 앞면(지구와 마주하는 쪽)의 지반이 얇고 뒷면의 지반이 두꺼워졌을 것으로 생각할 수 있다. 또 지각이 얇은 앞면에 운석이 충돌하자 지각 밑에 있었던 현무암질의 마그마가 흘러나왔고, 이윽고 그 마그마가 굳어서 현무암 바다가 앞면에만 생겼을 것으로 예상할 수 있다. 또한 달의 중심이 지구 쪽(앞면)으로 몰리면 중심이 항상 지구의 인력에 강하게 끌어당겨지므로 계속 앞면이 지구를 향하게 된다. 즉 달의 자전 주기와 공전 주기가 같아진다.

이와 같이 거대 충돌설을 바탕으로 유추하면 처음에 들었던 달에 관한 수수께끼 중 일부를 설명할 수 있게 된다.

지구의 자전 속도가 느려지는 것은 달의 조석력 때문

약 46억 년 전, 우주 공간에 흩어져 있는 대량의 가스와 먼지가 회전하면서 뭉쳐져 태양이 탄생했다. 그리고 태양을 중심으로 회전하는 수많은 암석 덩어리, 즉 태양계 형성 초기에 만들어진 작은 천체인 미행성(微行星)이 탄생해 서로 합체하면서 행성이 되었다. 이 행성 중 하나가 바로 지구다. 지구는 원래 미행성의 회전 운동을 반영한 공전 운동과 자전 운동을 했다. 그러나 약 45억 5,000만 년 전에 거대 충돌이 일어나자 그 충돌의 영향으로 새로운 자전 운동이 시작되었다. 지구의 자전축은 이때 기울어진 것으로 생각된다.

거대 충돌 직후의 자전 주기는 5시간 정도였던 것으로 생각되므로 지금은 자전 주기가 상당히 길어졌음을 알 수 있다. 원인은

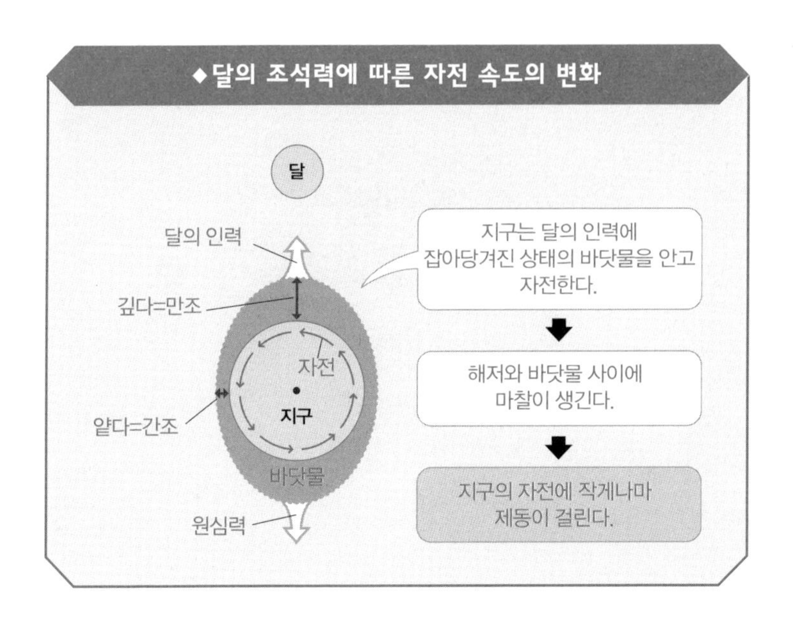

달의 조석력이다. 조석력의 영향으로 만조와 간조가 일어나는 것을 조석 작용이라고 하는데, 이 조석 작용에 따라 바닷물과 해저 사이에 마찰이 발생한다. 이 마찰의 영향으로 지구의 자전에 제동이 걸리는 것이다. 바닷물의 이동뿐만 아니라 암석도 조금은 늘어나고 줄어들어 모양을 바꾸기 때문에 생기는 에너지 손실도 지구 자전의 제동에 영향을 끼친다. 자전이 느려지는 속도는 '수천에서 수만 년에 1초'로 매우 작지만, 그래도 수억 년이 지나면 1시간이 된다. 지구의 자전은 천천히, 하지만 확실히 느려지고 있다.

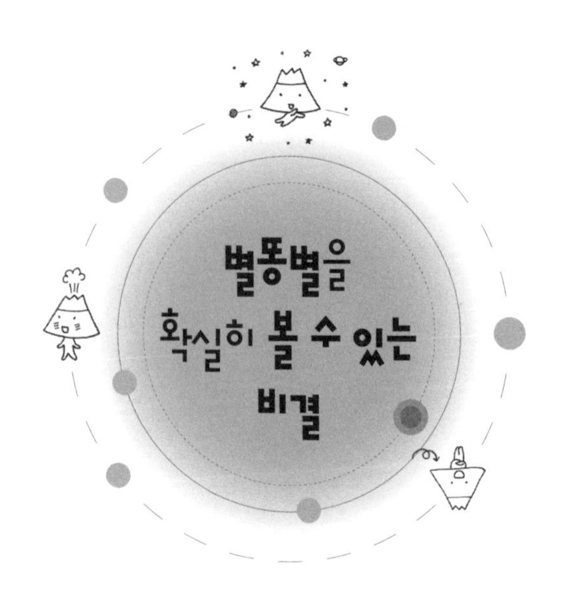

우주의 먼지 유성이 빛나는 이유는

옛날부터 전해져 내려오는 이야기 중에 "유성(별똥별)이 사라지기 전에 소원을 빌면 이루어진다"는 말이 있다. 문제는 유성군이라도 오지 않는 이상 유성을 보기가 그렇게 쉽지 않다는 것인데, 사실 유성을 보는 데는 비결이 있다. 이 비결만 알면 여러분의 소원도 쉽게 이루어질지 모른다.

그 비결을 소개하기에 앞서, 먼저 유성이란 무엇인지 살펴보자. 유성은 밤하늘의 별과 같은 밝기의 물체가 갑자기 나타나 빠르게 일직선으로 이동하다 사라지는 현상이다. 언뜻 '별이 떨어진 것처럼' 생각되지만, 별(항성)과 유성은 비슷한 것 같으면서도 전혀 다르다.

항성은 태양처럼 스스로 빛을 내는 천체다. 크고 따뜻한 빛을 내는 태양과 차갑게 깜빡이는 밤하늘의 별. 겉으로 보기에 전혀 닮지 않은 이 두 천체는 사실 항성이라고 부르는 같은 부류의 천체다. 두 천체가 다르게 보이는 이유는 어디까지나 지구로부터 떨어진 거리가 다른 탓이다. 만약 태양을 몇 광년 떨어진 곳으로 옮기면 항성처럼 보일 것이다. 반대로 항성을 태양과 같은 거리로 옮기면 크고 밝고 따뜻한 천체가 된다. 항성은 먼 곳에 있는 태양 같은 존재다.

한편 유성은 행성 사이를 떠다니는 우주의 먼지가 지구의 대기권에 돌입해 빛을 낸 것이다. 즉 유성은 고작해야 모래알만 한 1mm 정도의 크기이며, 지구의 대기권 안이라는 매우 가까운 거리에서 일어나는 현상이다. 이와 같이 항성과 유성은 전혀 다르다.

그렇다면 우주의 먼지인 유성은 어떻게 빛을 내는 것일까? 유성은 초속 수십 킬로미터라는 맹렬한 속도로 대기권에 돌입한다. 그러면 대기 속에 있는 기체 분자와 충돌해 기체 분자를 흩뜨리며 여기(励起, 에너지가 높은 상태로 만듦) · 가열시킨다. 여기 · 가열된 기체 분자는 전자가 떨어져 나가면서 '플라즈마 상태'가 되어 빛을 낸다. 즉 대기가 옅은 고도 100km 부근에서는 유성과

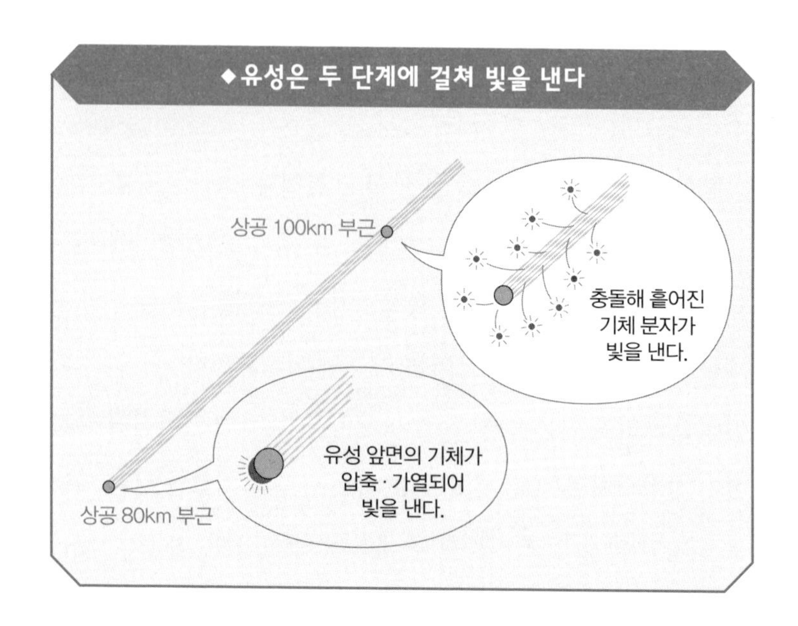

충돌해 흩어진 기체 분자가 빛을 낸다. 그러나 고도 80km 부근에 이르면 대기가 짙어져 기체 분자가 혼잡해지기 때문에 흩어지지 않는다. 그러면 유성의 앞면에 있는 공기가 압축되어 온도가 상승하고, 압축 공기가 플라즈마 상태가 되어 빛을 낸다. 그리고 마지막으로 유성은 압축 · 가열된 공기에 불타 지표면에 도달하지 못하고 없어진다. 유성이 빛을 내며 떨어지는 아주 짧은 시간 동안 이런 두 가지 현상이 일어나는 것이다.

우주의 먼지가 많은 곳을 찾아라

유성은 어느 정도의 빈도로 발생할까? 의외로 생각되겠지만 유성은 365일 24시간에 걸쳐 항상 발생하고 있으며, 빛이 어두운 것까지 포함하면 상당수임이 밝혀졌다. 다만 우리가 실제로 유성을 목격할 확률은 그리 높지 않다. 유성 중에는 어두운 것이 많아서 밤하늘의 조건이 매우 중요하기 때문이다.

밤하늘이 어두울 때 더 많은 유성을 볼 수 있다. 조건이 좋은 어두운 밤이라면 밤하늘 전체에서 1시간당 5~10개 정도는 볼 수 있다고 한다. 다만 인간의 시야로 볼 수 있는 범위는 밤하늘 전체의 4분의 1에서 5분의 1 정도다.

그러므로 1시간 동안 어느 한 방향만을 계속 바라본다면 1~2개는 목격할 수 있다는 계산이 나온다. 그러나 일반인이 밤하늘의 어느 한 방향을 1시간이나 계속 바라보는 일은 거의 없다. 게다가 이것은 조건이 좋은 어두운 밤하늘일 때의 이야기다. 도심지의 밤하늘에서는 유성을 볼 확률이 훨씬 떨어진다.

이렇게 어지간해서는 볼 수 없는 유성을 쉽게 볼 수 있는 방법은 유성군을 만나는 것이다. 지구의 공전 궤도상에는 유성의 근원인 우주 먼지가 많이 모여 있는 장소가 몇 곳 있다. 그곳을 지구가 통과할 때 수많은 먼지가 지구 대기권으로 들어오기 때문에 평소와는 달리 수많은 유성이 떨어진다.

우주의 먼지가 짙은 장소를 만드는 것은 혜성이다. 혜성은 태양에 근접할 때 긴 꼬리가 생기는 천체인데, 그 긴 꼬리는 태양의 열과 빛에 혜성의 내부 물질이 분출되어 그렇게 보이는 것이다. 혜성의 내부에서 분출된 물질은 요컨대 우주 먼지이므로 혜성의 공전 궤도 부근에는 상당한 양의 우주 먼지가 흩어져 있다. 그리고 몇몇 혜성의 공전 궤도는 지구의 공전 궤도와 교차하기 때문에 지구가 그 교차 지점을 통과할 때 평소에 비해 다량의 먼지가 지구로 날아와 유성군이 되는 것이다.

유성군을 만드는 혜성을 '모혜성(母彗星)'이라고 한다. 모혜성이 통과한 직후에는 특히 먼지가 많기 때문에 일반적인 유성군보다 많은 '유성우'가 내릴 때도 있다. 최근의 예로는 사자자리 유성군이 있는데, 1999년에 모혜성인 템펠-터틀 혜성이 통과하고 2년 뒤인 2001년에 많은 유성우가 관측되었다. 그로부터 8년 뒤인 2009년 11월에는 혜성의 잔해가 상대적으로 많은 지점을 통과하면서 더 많은 유성우를 볼 수 있었다.

또 유성군에는 별자리의 이름이 붙는데, 여기에도 의미가 있다. 유성군이 관측될 때 각 유성의 궤적을 연장하면 하나의 점(방사점)에 모인다. 즉 유성군은 이 방사점에서 시작되기 때문에 방사점 부근에 있는 별자리의 이름이 붙는다. 방사점이 생기는 이유는 혜성이 뿌린 먼지 속으로 지구가 돌진하기 때문이다.

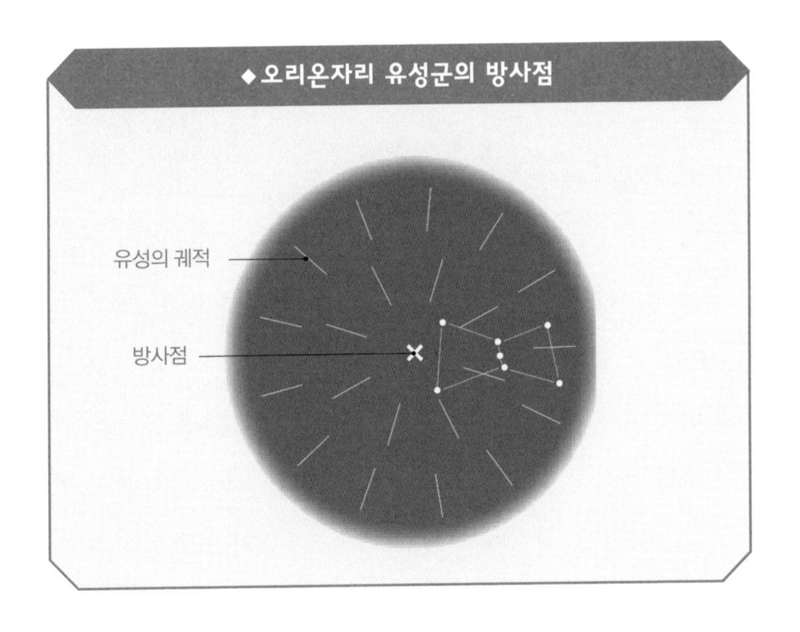

유성을 보기 위한 세 가지 조건

유성의 대부분은 먼지가 지구를 향해 날아오는 것이 아니라 지구가 먼지를 향해 돌진하면서 발생한다. 지구는 공전 궤도를 따라 진행하며, 그 방향은 태양에서 지구를 봤을 때 직각으로 왼쪽이다. 즉 이 방향에서 유성이 많이 날아오는 것처럼 보인다. 지구상에서 이 방향의 하늘을 볼 수 있는 시간은 태양과의 위치 관계상 밤 0시부터 낮 12시까지다. 그러나 해가 뜨면 유성은 보이지 않으므로 실질적으로 유성이 가장 많이 떨어지는 시간대는 밤 0시부터 해가 뜰 때까지가 된다.

유성을 보기 위한 비결은 다음 세 가지다.

첫째, 가급적 어두운 장소를 찾는다.

둘째, 유성군을 노린다.

셋째, 밤 0시부터 해가 뜰 때까지의 시간에 관찰한다.

특히 많이 출현하는 유성군은 '사분의자리 유성군'과 '페르세우스자리 유성군' '쌍둥이자리 유성군'이다. 이 셋을 '3대 유성군'이라고 부르는데, 그중에서도 '페르세우스자리 유성군'을 가

◆주요 유성군

	주요 유성군	절정	모혜성
★	사분의자리 유성군	1월 3일	미확정
	거문고자리 유성군	4월 22일	대처 혜성
	5월의 물병자리 유성군	5월 6일	핼리 혜성
	7월의 물병자리 유성군	7월 28일	불명
★	페르세우스자리 유성군	8월 12일	스위트-터틀 혜성
	오리온자리 유성군	10월 21일	핼리 혜성
	사자자리 유성군	11월 17일	템펠-터틀 혜성
★	쌍둥이자리 유성군	12월 14일	파에톤
	작은곰자리 유성군	12월 22일	터틀 혜성

★은 3대 유성군

장 추천한다.

페르세우스자리 유성군은 1시간에 최대 30~60개가 내리며, 출현수가 매년 안정적으로 많다. 밝은 유성이 많은 것도 특징이다. 8월 12~13일쯤을 중심으로 전후 2~3일 동안 활발하게 내리는데, 마침 여름휴가나 여름방학 기간과 겹치므로 여행을 하면서 즐길 수 있다. 게다가 여름철이어서 한겨울에 내리는 '사분의자리 유성군'이나 '쌍둥이자리 유성군'과 달리 야외에서 쾌적하게 유성을 관측할 수 있는 장점이 있다.

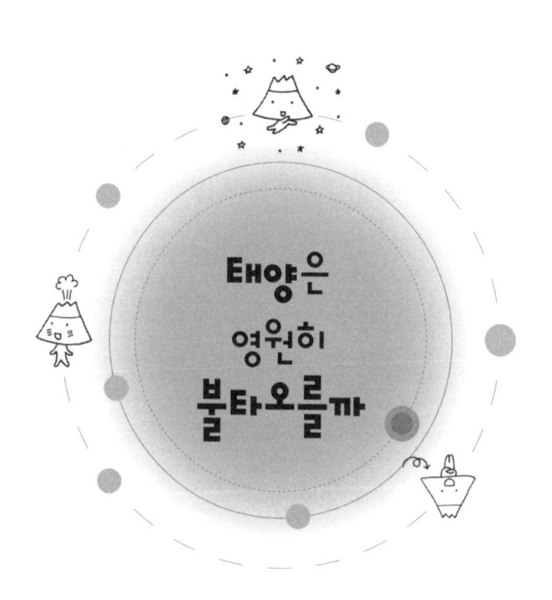

태양은 영원히 불타오를까

태양이 빛을 내는 에너지원은 핵융합

태양은 어떻게 계속 불타고 있을까? 지구의 대기권 밖에서 태양과 수직인 면 $1m^2$가 1분 동안 받는 에너지는 약 8J(줄), 즉 약 2cal(칼로리)다. 이것을 '태양 상수'라고 하며, 지구 전체로는 1.02×10^{19}J이라는 막대한 에너지가 된다. 그러나 지구가 받는 이 막대한 에너지는 고작 태양이 우주 공간에 방출하는 전체 에너지의 20억 분의 1밖에 안 된다.

이렇게 엄청난 에너지를 방출하고 있는 태양이 석탄과 같은 연료로 만들어져 있다면 수십만 년 만에 전부 불타 없어졌을 것이다. 그런데 태양은 46억 년 동안 계속 빛을 내고 있다. 도대체 어떻게 그럴 수 있을까? 그 이유는 오랫동안 수수께끼로 남아 있었다.

그러나 20세기에 들어와 원자에 관한 연구가 진전되면서 드디어 수수께끼가 풀렸다. 태양은 '핵융합'을 통해 에너지를 만들어내고 있음이 밝혀진 것이다. 핵융합이란 가벼운 원자핵끼리 달라붙어 무거운 원자핵으로 변화하는 핵반응으로, 수소 폭탄과 같은 원리다. 태양 속에는 주로 4개의 수소 원자핵이 1개의 헬륨 원자핵과 융합하는 핵반응이 일어난다. 반응에 따라 질량은 감소하지만 그 질량만큼 에너지가 만들어진다.

핵융합을 통해 만들어진 에너지는 엄청난 양의 열과 빛이 되어 태양의 온도를 유지하고 다시 다음 핵융합을 일으킨다. 결론적으로 태양의 수명은 100억 년 정도로 생각되고 있으므로 앞으로 50억 년 정도는 계속 빛을 낼 것이다.

태양의 남은 수명은 약 50억 년

20세기의 천문학이 밝혀낸 사실 중 하나는 항성의 일생을 결정하는 가장 본질적인 요소가 질량이라는 것이다. 극단적으로 말하면, 별이 탄생했을 때의 질량만 알면 그 별의 수명이 어느 정도이며 어떤 종말을 맞이할지 알 수 있게 되었다.

태양은 현재 항성의 일생 중 '주계열성'이라는 단계에 있다. 현재 존재하는 항성의 약 90%는 주계열성에 속한다. 주계열성은 서로 성질이 비슷하며 크기도 태양의 수십분의 1에서 10배 정도다. 많은 항성은 이 주계열성의 단계를 거쳐 적색거성, 적색초거성, 그리고 마지막으로 백색왜성에 이른다.

항성은 일생의 대부분을 주계열성으로 보낸다. 그러다 이윽고 크게 부풀어 올라 적색거성이 되며, 별의 내부에서 핵융합 반응이 진행되어 중심부는 헬륨 덩어리가 된다. 그러면 수소 원자의 핵융합 반응은 바깥으로 이동한다. 별의 구조는 중력(무게)과 방사(放射)의 균형을 통해 성립하는데, 핵융합 반응이 바깥쪽에서 일어나게 되면 방사가 중력보다 강해진다. 그 결과 별은 팽창하고, 표면 온도가 내려가면서 점점 밝아진다.

태양의 경우 약 46억 년 전에 태양계가 생긴 뒤에 주계열성이 되어 현재까지 약 30% 정도 밝아졌다. 주계열성의 최종 단계에는 밝기가 지금의 2배가 될 것으로 예측되고 있다. 그리고 이후 급격히 팽창하는 적색거성의 단계에 돌입해 지구의 공전 궤도에 육박하거나 지구를 집어삼킬 것이다. 다만 적색거성의 초기 단계에 이르면 태양은 가스와 먼지를 방출해 질량이 줄어들기 때문에(질량 방출) 태양과 지구 사이의 만유인력이 약해지며, 그

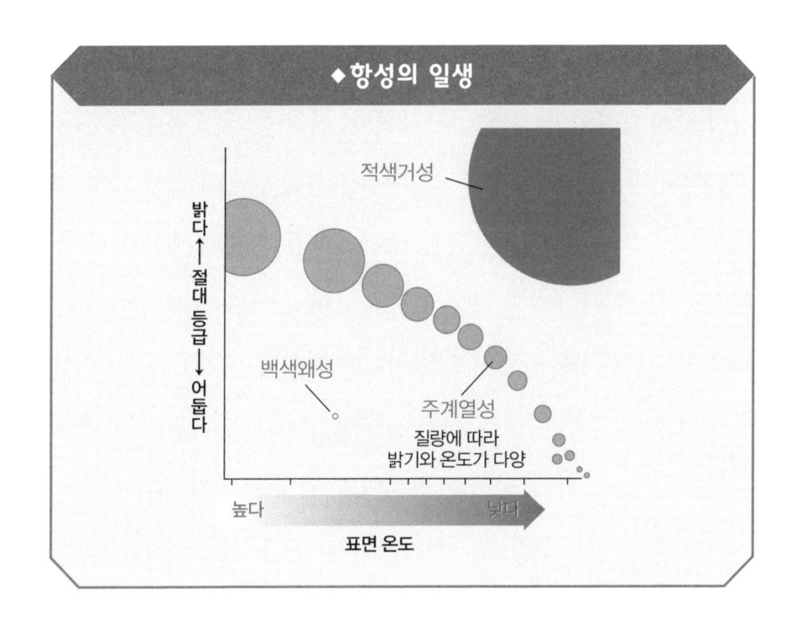

결과 지구의 공전 궤도가 태양에서 이탈하므로 태양에 집어삼켜지는 일은 없다는 주장도 있다.

적색거성의 단계를 넘긴 태양은 마지막으로 행성상성운(行星狀星雲)이라는 수의를 두르고 백색왜성으로 변하며, 결국은 빛을 내지 않는 차가운 별이 되어 일생을 마치게 된다.

별의 마지막 반짝임 초신성 폭발

항성 중에서도 질량이 태양의 3배에서 십수 배인 별은 질량이 큰 탓에 중력의 수축압에 따라 중심부의 온도가 1억K에 달하며 헬륨끼리의 핵융합이 시작된다. 이 가운데 질량이 태양의 8배 이하 정도인 별의 경우, 헬륨에서 생긴 탄소가 중심부에 쌓이면 그 중력을 전자의 반발력으로는 지탱할 수 없게 되어 수축하기 시작한다. 그러면 탄소의 핵융합이 일어나기 시작해 대폭발을 일으킨다. 또 질량이 태양의 8배 이상인 별의 경우는 중심부에 있는 철이 에너지를 계속 흡수해 헬륨과 중성자로 분해된다(광분해). 그 결과 중심핵의 압력이 단번에 낮아져 찌부러지고 그 반동으로 외부층이 흩어지며 폭발을 일으킨다. 이것을 '초신성 폭발'이라고 부른다.

지구에서 보면 갑자기 밝은 별이 나타난 듯해서 '초신성'이라고 불렀지만, 실제로는 별이 새로 태어난 것이 아니라 마지막으로 방출한 섬광이었던 것이다. 초신성 폭발은 우리 은하에서 100~120년에 한 번 정도 일어나고 있다.

무엇이든 통과해버리는 뉴트리노를 검출하다

질량이 큰 별이 초신성 폭발을 일으킬 때 뉴트리노(중성미자)라는 소립자가 방출된다. 뉴트리노는 광속으로 운동하며 그 질량은 대략 전자의 1만분의 1 이하다. 뉴트리노의 가장 큰 특징은 어떤 물질과도 거의 반응하지 않으며 무엇이든(우리의 몸이나 지구도) 그냥 통과해버린다는 점이다.

일본의 천체 물리학자인 고시바 마사토시(小柴昌俊) 박사는 뉴트리노 연구의 실적을 인정받아 2002년에 노벨 물리학상을 받은 인물로, 대마젤란은하에 출현한 초신성에서 온 뉴트리노를 세계 최초로 검출했다. 그는 다른 우주선(宇宙線, 우주에서 지구로 쏟아지는 높은 에너지를 가진 미립자와 그 방사선 및 이들이 대기의 분자와 충돌하여 2차적으로 생긴 미립자와 그 방사선의 총칭)의 영향을 피하기 위해 일본의 기후 현 가미오카 광산 지하 1,000m에 거대한 수조를 설치했다. 그리고 뉴트리노가 발하는 체렌코프광을 검출하는 검출기(광전자 증폭관)를 장착한 가미오칸데라는 관측 장치를 이용했다. 1996년부터는 검출기의 수를 가미오칸데의 70배 이상으로 늘린 슈퍼 가미오칸데가 가동되고 있으며, 뉴트리노에 질량이 있다는 사실 등도 새롭게 밝혀졌다.

지구와 닮은 붉은 행성

화성은 지구의 바로 바깥쪽을 돌고 있는 행성이다. 지구에서 본 화성이 붉은 이유는 지표면이 적철광(산화철)이 많이 포함된 암석으로 덮여 있기 때문이다. 지름은 지구의 약 절반이며 질량은 10분의 1 정도다. 화성은 지구와 거의 같은 24시간 37분에 걸쳐 자전하면서 687일에 걸쳐 태양 주위를 공전한다. 또 화성의 자전축은 공전면과 수직인 방향에 대해 25도 정도 기울어져 있기 때문에 지구와 마찬가지로 사계절의 변화를 볼 수 있다.

약 46억 년 전의 태양계 탄생기에 태양을 둘러싸고 회전하는 가스와 먼지의 원반 속에서 밀도가 높은 부분이 생겼고, 이것을 중심으로 지름 수 킬로미터 정도의 미행성이 탄생했던 것으로 생각된다. 그후 미행성들은 서로 충돌을 반복하면서 커졌고, 이윽고 지구와 화성 등의 행성이 탄생했다.

그런데 같은 시기에 탄생한 행성임에도 지구의 지표면에는 물이 풍부한 반면에 화성의 지표면에는 황량한 사막이 펼쳐져 있다. 대체 무엇이 지구와 화성의 운명을 결정지었을까? 가장 큰 원인으로 추정되는 것은 크기의 차이다. 화성의 질량은 지구의 10분의 1에 불과하다. 그 결과 대기를 붙잡아놓아야 할 중력이 지구의 40% 정도밖에 안 되는 탓에 수증기가 우주 공간으로 도망쳐버리는 것이다. 화성의 대기는 200분의 1기압으로 매우 엷다.

화성도 '물의 행성'이었다?

1970년대부터 '과거에 화성의 표면에도 풍부한 물이 있지 않았을까?'라는 생각이 유력한 가설로 떠올랐다. 화성 표면에서 물이 대규모로 흐른 흔적으로 짐작되는 지형을 탐사기가 발견했기 때문이다. 지구의 북극과 남극에 해당하는 '극관(極冠)'의 존재와 북극관의 평야에 있는 크레이터 내부에 얼음 덩어리가 있다는 사실도 확인되었다. 남극관의 얼음에 저장되어 있는 물의 양만으로도 화성 전체를 수심 11m의 물로 덮을 만큼 대량이라는 사실도 알았다. 또한 2004년에는 NASA가 보낸 화성 무인 탐사기 '스피릿'과 '오퍼튜니티'가 화성에 대량의 물이 존재했다는 증거를 발견했다. 화성에 대량의 물이 있는 장소가 아니면 생성되지 않는 황산염 광물과 물의 흐름이 있었음을 보여주는 물결 형태의 층을 가진 암석이 발견되었던 것이다.

이와 같은 사실은 과거에 화성에도 대량의 물이 존재했으며 온난·습윤하던 시절이 있지 않았을까 하는 추측을 가능케 한다. 현재는 화성의 지하에 얼음의 형태로 물이 존재하고 있음이 거의 확실시되고 있다.

요컨대 화성도 '물의 행성'일 가능성이 높다. 물은 생명을 낳고 키우는 소중한 존재다. 또한 화성에 박테리아 같은 생물이 있지 않을까 예측하는 연구자도 있는데, 현시점에서는 부정적인 견해가 지배적이다.

인류의 생존 가능성이 높은 유일한 행성

'테라포밍(Terraforming)' 프로젝트 혹은 '행성 지구화 계획'이라는 말을 들어본 적이 있는가? 말 그대로 현재는 생명체가 살지 않는 행성이나 위성을 지구의 대기 및 온도, 생태계와 비슷하게 바꾸어 인간이 살 수 있는 물과 녹색의 행성으로 개조하는 장대한 계획이다. 그리고 그 후보로 가장 유력한 행성이 바로 화성이다.

화성은 지구에 비해 태양으로부터 약 1.5배 더 멀리 떨어져 있다. 요컨대 화성 표면의 태양의 일사량은 지구보다 적다. 따라서 개조를 할 때 제일 먼저 해야 할 일은 화성 표면을 따뜻하게 만드는 것인데, 이와 관련해 두 가지 안이 검토되고 있다.

첫째는 화성의 지표에 흡수되는 태양의 광량을 늘려서 화성의 기온을 상승시키는 방법이다. 예를 들어 얇고 거대한 거울을 화성에서 가까운 우주 공간에 설치한 뒤 태양빛을 모아서 화성의 극관에 조사(照射)해 얼음을 녹인다. 극관의 얼음이 녹으면 대기 중에 수증기와 이산화탄소가 증가해 온실 효과가 생기므로 기온이 따뜻하게 유지된다.

그리고 둘째는 화성 표면을 뒤덮고 있는 암흑색의 탄소질 물질을 파괴한 뒤 화성 표면에 뿌려서 태양광 흡수 효과를 높이는 방법이다.

그 다음으로 필요한 일은 생물이 살 수 있도록 화성의 대기 조성을 바꾸는 것이다. 현재 화성의 대기 조성은 이산화탄소 95.3%, 질소 2.7%, 아르곤 1.6%다. 그래서 예를 들어 조류(藻類) 같은 단순한 생명체를 이용하는 방법이 검토되고 있다. 조류는 이산화탄소를 흡수해 광합성을 하며 산소를 방출한다. 화성의 대기가 온난화되어 물이 액체 상태로 유지되는 단계에 이런 조류를 퍼트리면 화성의 대기에 산소가 존재하게 될지도 모른다.

이런 계획을 진행하기 위해서는 유전자 공학을 통해 광합성 효율이 높은 조류를 만드는 등의 연구도 중요하다. 초거대 프로젝트 '테라포밍'이 발동되면 수 세기 뒤에는 화성 출신의 인류가 탄생하는 것도 꿈 같은 일은 아닐 것이다.

대자연의 수수께끼에 과감히 도전하는 과학자의 탄생을 기대하며

중학교에서 배우는 과학은 물리, 화학, 생물, 지구과학 네 분야로 나뉘어 있다. 현재의 중학 교과과정에서는 지구과학 분야의 경우 1학년 때 화산과 지진, 암석 · 광물에 관해, 2학년 때 날씨의 변화에 관해, 3학년 때 지구와 우주에 관해 배운다(우리의 경우 1학년 때 지각의 물질과 지각 변동, 판구조론에 관해, 2학년 때 태양계와 우주에 관해, 3학년 때 대기의 성질과 일기 변화, 해수의 성분과 이동에 관해 배운다-옮긴이). 중학교는 의무교육이므로 모든 학생이 지구과학을 공부하지만, 고등학교에 들어가서는 지구과학을 선택한 사람이 매우 적을 것이다. 문과 계열을 선택한 경우는 애초에 입시 과목에 과학이 없는 경우가 많고, 이과 계열을 선택한 경우도 입시에서는 대부분 물리와 화학 혹은 생물과 화학의 조합이 요구된다. 센터 시험(우리의 수학능력시험과 같은 대학입학을 위한 시험-옮긴이)에서 지구과학을 선택하는 사람의 비율은 소수에 불과하다. 그런 까닭에 안타깝지만 고등학교에서 지구과학을 선택하는 학생은 극단적으로 적다.

이 책을 집필하는 과정에서 '과학자도 역시 사람이구나'라고 느낀 적이 종종 있었다. 연구 과정에서 자신의 설이 좀처럼 인정받지 못하거나 남들에게 속아 창피를 당하는 일도 적지 않다. 그래도 많은 과학자가 대자연의 수수께끼에 도전해 오늘날의 과학을 이룩했다. 앞으로도 수수께끼에 대한 탐구는 꾸준히 계속될 것이다.

이 책은 중학교·고등학교에서 지구과학을 가르치는 현역 교사인 고바야시 노리히코 씨의 도움으로 집필되었다. 과학의 재미를 널리 알리는 〈과학 탐험(RikaTan)〉지의 기획·편집도 담당하고 있는 그와 함께 지구과학의 매력을 일부나마 소개할 수 있어 매우 기쁘게 생각한다. 또 원고의 내용을 검토해주신 나라교육대학의 히라가 쇼조(平賀章三) 교수에게도 감사의 인사를 전한다.

[고바야시 노리히코의 집필 부분]

Part 1 | 지구는 거대한 자석이다, 지구의 자극은 역전되고 있다, 대량 멸종은 어떻게 일어났을까, 적도까지 얼어붙는 '전 지구 동결' 가설의 충격

Part 2 | 높이 올라가면 태양과 가까워지는데 왜 추운걸까

Part 3 | 달은 지구와 형제였다?, 별똥별을 확실히 볼 수 있는 비결

1. 이치바 야스오(市場泰男), 『진실의 과학사 99가지 수수께끼(素顔の科学史99の謎)』, 산포저널(産報ジャーナル) 〈Sanpo books〉, 1977년.
2. 오쓰카 미치오(大塚道夫), 『지구의 수수께끼를 파헤친다(地球のなぞをさぐる)』, 후지모리서점(藤森書店), 1977년.
3. 마쓰이 다카후미(松井孝典), 『지구 – 탄생과 신화의 수수께끼(地球 誕生と進化の謎)』, 고단사(講談社) 〈고단사 현대신서〉, 1990년.
4. 사마키 에미코(左巻恵美子)·아가타 히데히코(縣秀彦) 편저, 『즐거운 과학책 – 생물·지구과학(たのしい科学の本 生物·地学)』, 신세이출판(新生出版), 1998년.
5. 기시마 마사히로(杵島正洋)·마쓰모토 나오키(松本直記)·사마키 다케오 편저, 『새로운 고교 지구과학 교과서(新しい高校地学の教科書)』, 고단사 〈블루백스〉, 2006년.
6. 빌 브라이슨(Bill Bryson) 저, 이덕환 옮김, 『거의 모든 것의 역사』 까치(까치글방), 2004년.
7. 다지카 에이이치(田近英一), 『얼어붙은 지구 – 스노볼 어스와 생명 진화 이야기(凍った地球―スノーボールアースと生命進化の物語)』, 신초사(新潮社) 〈신초선서〉 2009년.
8. 야마가 스스무(山賀進), 『한 권으로 읽는 지구의 역사와 구조(一冊で読む 地球の歴史としくみ)』, 베레출판(ベレ出版), 2010년.

재밌어서 밤새 읽는 지구과학 이야기

1판 1쇄 발행 2013년 12월 9일
1판 14쇄 발행 2023년 11월 16일

지은이 사마키 다케오
옮긴이 김정환
감수자 정성헌

발행인 김기중
주간 신선영
편집 민성원 백수연
마케팅 김신정 김보미
경영지원 홍운선
펴낸곳 도서출판 더숲
주소 서울시 마포구 동교로 43-1 (04018)
전화 02-3141-8301~2
팩스 02-3141-8303
이메일 info@theforestbook.co.kr
페이스북·인스타그램 @theforestbook
출판신고 2009년 3월 30일 제2009-000062호

ISBN 978-89-94418-56-8 03420